U0050785

好好吃飯

呂嘉俊 著

目錄

第二章　吃的反省

第三章 吃的迷思

窮中談吃

陳傑 專欄作者

曾經有一段不短的時間，跟呂嘉俊在飲食雜誌社裏共事，當時他的身份是旅遊記者，寫的是旅途上找吃，比如精彩的餐廳，以及在地食材之類——可我一直沒有覺得他在寫食物，甚至味道；他寫的其實是世界，餐桌上的佳餚只屬幌子，餐桌下的人、情與文化，應該才是他最想寫到的東西。

大家肯定都知道台灣作家舒國治的著作《窮中談吃》，常常這樣想，近年成為飲食專欄作家的呂嘉俊，也許試圖在窮中談吃——但這完全跟貧富無關，「窮」

的是文化，那些我們曾經擁有，但已經漸漸失落了的、關於吃的文化。

看看我們的城市，數得出的各國美食都擁有了，表面異常富有，然而同時間卻是愈來愈窮，窮得只剩下打卡友善的裝修、CP值高的菜式，忘記了簡單但重要的最初：這食物／味道因何而來，對文明有過哪些影響？

認真想想，我們現正身處一個會把吃飯直播的世代，打開任何一個社交媒體，眼下大量關於吃的影像，那麼討好，實時，充滿食慾，容易消化。誰又會笨得走回頭路，近乎事倍功半地，用文字去描述吃喝？

因為這種文化底蘊上的「窮」，讓仍在盡力書寫飲食的人，顯得更為任重道遠，值得被珍視。

一如城市裏那些碩果僅存的舊冰室、家庭式小餐館、屋邨麵包舖、傳統手工菜等等，關於飲食的文字記錄，同樣不應該就此失傳。

偏好大吃大喝（或狼吞虎嚥）的讀者，大概不見得會特別喜歡呂嘉俊的文字，因為那是需要細細品嚐，非常滋陰的一種閱讀經驗；如果文字都有味道，它誘人在餘韻漫長，不求濃烈刺激，但會帶來繼續思索的需要。

翻開《好好吃飯》，由血汗農場的蔗糖與冧酒，說到濫捕怎樣摧毀漁民的人生，一粒糖一尾魚，可以看透世界。

近身一點，茶餐廳的常餐ABC，反映着對人的基本尊重與關愛；屋邨士多的平凡是福，以至鮮被提及的夜茶文化，侃侃而談的輕鬆，背後首先要有對食物與世界的廣泛認知，才能如此舉重若輕。

在最壞時候懂得吃，而在這樣的香港，這樣的當下，我們需要有更多這種關於食物的書寫。

認識作者超過十年，曾經在兩家傳媒機構當同事，現在又在同一個出版社再遇；到了今日，我還是會這樣去說：呂嘉俊寫的並不是吃，他寫的是很遠的生命，很近的生活，就在每一口咀嚼之間。

第四次啓蒙——Sampson Wong 城市研究者

雖然從事城市研究和藝術，但時常跟朋友說，我大概70%時間都在思考飲食，只有30%時間在思考城市和散步等跟我志業相關的課題，有些朋友會知道，甚至我的博士論文，也是特意寫跟香港與「活雞」有關的課題。從前在演藝學院教書時，我的老闆很懂吃，我很敬重他這方面的認知，我們時有交流，至今還很懷念跟他去吃美利堅京菜的日子，但我最記得他跟我說的一句話是，如果真有七宗罪，我是絕對會因為貪吃這宗罪而惹禍的。

我小時候已知自己貪吃，大概也因為發現自己很喜歡閱讀有關餐飲的文字，小學到初中時，把家中父母買的幾本蔡瀾著作，翻得滾瓜爛熟，讀了不知幾多遍。或者那是一種啟蒙時刻，有時蔡生的寫吃，會觸及全球飲食文化，我人生中首次發現，談吃喝可以讓思想的神采逸於紙上，不只關心「好不好吃」，而是將之連上社會發展的脈絡。

到我較懂事，愈來愈渴求讀到有深度的飲食書寫和思考，有幸遇上《飲食男女》。我有時會跟大學同學說，我讀得最多的 Readings 就是這本雜誌，偶爾會在那裏尋找寫論文的題目，後來在畢業前，遇上影響我一生、讓我接觸到城市研究的老師，他竟就在關於文化研究的課上，不斷叫學生一定要讀《飲食男女》！我長年把《飲食男女》整本讀完，然後把最後的純文字專欄珍而重之地細味。

如果說有這方面的第二次啟蒙，一定是讀梁文道寫飲食了。其時我剛知道自己想做個「文藝青年」，發現寫文藝評論的梁文道，簡直示範了寫飲食可以到達的極致高度，就一直想，嗚啊，好想更多機會讀到像《味覺現象學》裏那種飲食文章。

二零一零年在英留學，經常讀《衛報》，建築評論、藝術消息、文化版都讀許多，但我讀得最過癮的，是長期在其飲食版寫作的評論人 Jay Rayner 的文字。在我心目中，他的文章每每示範了如何把書寫飲食寫到跟電影、國際關係、書評等一樣，深入淺出，把學養貫注在文章裏，從飲食見天地、見眾生。那些年，我見人就推薦 Jay Rayner 的文章，更把他的書珍而重之地讀，最喜歡那本叫 *My Dining Hell: Twenty Ways to Have a Lousy Night Out*，特別輯錄他寫過最苛刻的、對餐廳的狠辣批評。通過他的文字，我覺得遇上了關於飲食書寫的第三次啟蒙。

到了近年，幾乎已忘了自己有讀那樣的文字的渴求了。就是在這時刻，我遇上了呂嘉俊這位作者，把他寫的飲食文章，一篇一篇的追着去讀，心裏驚呼：天啊，曾幾何時，讓我讀得最有快感的文字，就是這一種——講飲食，但不只觸及味道，而是把飲食視作人類活動的一環，觸類旁通，將這一環跟其他重要的議題與文化省思，串聯在一起。他的文字讓我記起之前三次啟蒙；讓我記得，寫飲食本來就可以是這樣的、該是這樣的。每個年代，總有那幾個人，再一次作那樣的示範。我覺得呂嘉俊的文字比之前提及的，都更要厚重，特別因為他有多年親身採訪的經驗（而他原來就是我狂讀《飲食男女》時期的記者之一！），積累了大量近乎民族誌式的研究材料、兼訪問過許多飲食界的傳奇人物與民間高手。他 Master 大量不同類別知識，化成親民文字的技藝，我想，也是一種寫飲食的人特有的強烈自覺——民以食為天，寫食者，也會特別在意群眾。

讀呂嘉俊的文字，是我心目中的「第四次啟蒙」，他的書寫實踐，既承繼了一種深度談吃的傳統，也在嘗試把這傳統進一步開拓，寫出當前媒體環境之中和香港社會狀況之下，大家會讀得開懷的文章。《好好吃飯》是我年少時會希望遇到的書，二十年前讀到的話，說不定我的志業就不會是從事文化藝術，而是想學呂嘉俊，好好書寫飲食了！我一邊讀其文章，會一邊想，真正好的作者，會令人忘卻了「類型」。時常都跟嘉俊兄說，他不是「寫飲食的人」，而是讓我拜服的好作者，寫甚麼都像有魔法，只是此刻這魔法放了在飲食課題上，而那些文章，根本每篇都不只飲食。謝謝你，給了我第四次啟蒙。

自序

每當有人知道，我正在寫飲食相關文章，總換來一陣尷尬。

「原來你寫飲食鱔稿！」飲食鱔稿，香港人術語，即替餐廳品牌賣廣告，單方面唱好。

「你寫飲食嘛，最近有咩嘢食推介？」然後轉頭向我說，「算啦，睇你個樣都好似唔係太鍾意食嘢，咁瘦。」

最後，我總是尷尷尬尬點頭微笑。

不知道怎樣界定這批文章，它是一本飲食筆記，同時是一本我的飲食思考筆記。

因為飲食時從不集中（可能導致不太吸收），我會在吃喝和寫作時思考飲食以外的事情，於是在啜魚骨時會記起家父年輕的日子；坐在冰室看拾荒老人喝咖啡時，會浮起黑奴和製糖業的一段歷史；在吃甜品時會在想香港還有沒有適合聊天的食肆？拿着食譜學做菜時，卻想着食譜是否真的需要用錢買？

飲食是人類最重要的活動，不吃會死，吃錯了一樣生毛病。況且人體不是一部機器，飲食不是單純的一個消化系統，大家都有七情六慾，食物連繫着天地人，一一都跌進肚子裏，成為我們生命的一部分。記憶不騙人，偶然總會想起某時某刻我們吃過的一樣食物，以及曾在身邊同吃的一個人。

我用喜怒哀樂各種筆調，寫成這些飲食文章，企圖將很抽象的所謂「飲食文化」，用最平實的文字書寫出來。然後，就成為你手上的這本書。

而當朋友問起，這本書收錄的是哪類文章時，我只能再現尷尬的神情。

呂嘉俊

二零二三年

第一章　吃的記憶

殺死港式魚蛋的真兇

有時會慨嘆，港式魚蛋或者已走到末路了。曾幾何時，香港生產的魚蛋非常高質，咬下去軟軟的，質感剛剛好，有魚鮮味，配河粉加炸魚皮，一絕。

如果你沒見過整個生產流程，很難幻想一粒魚蛋是這樣製造出來的。好的魚蛋，多以門鱔、九棍、鰔魚打成。門鱔厚肉，取其膠質；九棍和鰔魚味鮮，用其魚味。門鱔亦有分黃門鱔、灰門鱔，以灰門鱔較佳，但較稀有。

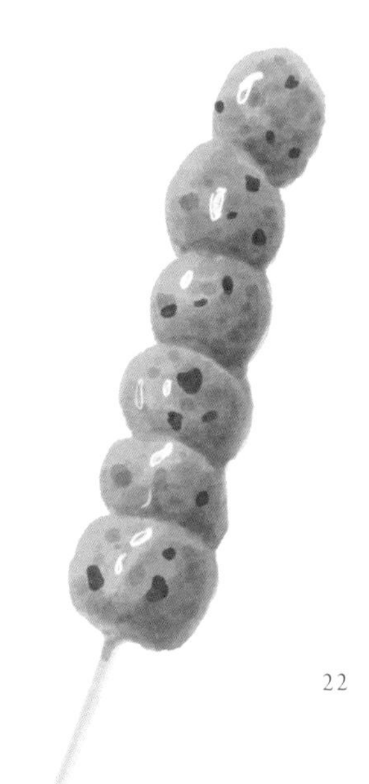

魚蛋師傅會把買回來的魚洗淨，用小刀清走內臟，再放進一部名為搚機的機器內，打出魚肉。搚機結構簡單，一支大鐵鎚向下搚，下面是一個轉盤形疏窿平板，只要不斷把門鱔放上轉盤，大鐵鎚搚下魚肉，留低魚皮，就可以拿淨魚肉去打魚漿了。

把幾款魚肉混在一起，倒入不斷轉動的大型攪拌器內，再加調味，開始打魚漿。由於打魚漿會發熱，容易變壞，途中要不斷加冰降溫，所以用木桶打最好，木質傳熱較慢，毋須加太多冰，沖淡魚味。至於打魚漿的速度和時間，全取決於師傅，打得太少不能起漿，打過量又會散，搓不成魚蛋，一切靠經驗。

打好的魚漿，就可放到另一部機器內唧出一粒粒的魚蛋，再泡在熱水內即成。至於常在火鍋店吃到、「岩岩巉巉」聲稱是手打的魚蛋，只是以人手唧魚漿成球狀，並非真正手打。

了解整個生產過程，就能分辨魚蛋好壞，吃到差的魚蛋，便知哪個步驟沒細心做好。最常見是魚蛋帶灰黑，是因為清內臟時求求其其，令魚漿帶黑，混有內臟的魚蛋易變壞，黑心店家會下大量防腐劑保鮮，吃落一口怪味。另一常見是魚蛋過分爽彈，多是因為魚漿打散了，便加化學劑令魚蛋起死回生。

不過很多魚蛋師傅都說，今日香港已不是做魚蛋的好地方。這幾十年香港水域四處是工程，別說近岸已經沒魚，連伸延開去的南中國海到東南亞一帶，都面對漁獲減少的問題。海洋污染亦影響魚的質素，九棍和鰔魚已長期缺貨，門鱔質素極不穩定，魚肉的膠質與從前相差甚遠，打魚漿的過程常常起不到膠，一整盤魚漿會散掉，魚蛋不成蛋。

聽不少業內人士說過，現今買魚很困難，好魚來到香港，不少已給大陸買手掃走，送回廣東省沿海一帶加工，魚價不斷上升令很多師傅都意興闌珊，不如退休算了。反而有些人鋌而走險，用少少雜魚，大量加粉加味精做廉價魚蛋應市，畢竟現今科學昌明，魚蛋要爽要彈要腍要滑，全部都可加化學物質控制。今天在香港打魚蛋，已不只講手藝和經驗，某程度是考驗你做人的底線。

但如果老實做事沒生存空間，在灰色地帶偷呃拐騙卻大有作為，到底整個系統是否有問題？以小見大，一粒魚蛋，足以見世界。

沒歧視的奶茶世界

如同「這杯酒幾甜，易入口，好適合女生」一樣，我經常聽到人說，「這杯奶茶沖得好滑好多奶，女生一定會喜歡」，這根本是性別定型。

無論男女老幼任何階層，都喜歡喝奶茶，本來就不該把它定型，真要數下去，它其實屬於工人階級。了解香港歷史的都知道，奶茶的出現，源於修路工人。話說一八九八年英國政府跟清政府簽訂《展拓香港界址專條》，租借九龍界限街以北一大片土地，稱之為新界，並開始帶大批工人修路。英國人愛喝下午茶，水泥工人模仿，每日小休就飲奶茶食三文治。因工人勞動量大，嫌英國人的紅茶太淡，於是沖出極濃的紅茶，配糖及淡奶，貪其味道濃且熱量高，可補充體力。

今日奶茶早已超越其出身之處，變成「眾生平等」的美味飲品，它無關你的身份、貧富、社會地位，任何人都可享用，個個都可從此得到滿足感，甚至有其喜好。奶茶本來已是二次創作出來的產品，味道不該千篇一律，每家每戶都有自己的秘方。過去採訪時認識不少奶茶師傅，他們都有自家沖奶茶的方式。

沖奶茶所用的茶葉，主要來自斯里蘭卡，亦有產自印度或中國，分粗茶及幼茶兩大類，粗茶味濃，沖泡時間較長；幼茶味道較輕，沖泡時間較短。通常茶師傅會自行調配茶葉比例，並溝出自認為最好的配方，不同茶葉可配出不同的口味和質感，有些提供茶色，有些添了香味，各有所長。沖茶方式亦講究，好些師傅會集齊撞、沖、焗，短時間內將茶味迫出，沖好後的茶連茶葉座在爐邊溫熱，有客時再加奶沖出。亦有師傅怕這方法太濃澀，撞茶次數改為一次起兩次止，不座茶，每有柯打，才添新茶葉，令茶味不澀，喝茶的清香。

至於先茶後奶，先奶後茶，都看師傅習慣，全部都有捧場客。更有趣的是，有沖茶師傅會加蛋殼，有人用瓷煲，亦有人加酒精或普洱茶葉，真是各施各法，後來也有茶客自行試驗，加黃糖喝，撞鮮奶沖，同樣走出自己的路。

我個人最愛當年在油麻地麗香園的奶茶，茶濃帶澀，老闆源哥那時為遷就街坊口味，特別沖出極為濃郁的茶品，讓一眾在街市工作的小販勞工，可以一杯奶茶提神滿足。他還會自製咖央醬，用雞蛋椰漿慢火清燉而成，質感細綿，椰香十足，還有陣陣蛋香。餅房做的蛋球更是一絕，逐個放在油鑊上碌，再灑上砂糖，甘香美味，兩樣甜食都是奶茶的絕配，可惜如今已成絕響。

奶茶味道多變，更沒有金科玉律，它走到今天，有其象徵意味，從香港發展開始，見證一個地方的開放自由，並包容不同口味和聲音。它幾乎沒有歧視，喝奶茶不等於低下階層，沒人會戴有色眼鏡而觀之，無論你愛哪種口味，都能獲得平等對待。喝奶茶不會令你自抬身價，亦不會標籤你成某種人物，它從來沒有在世界脫節，是我們一代傳一代的好味道，屬香港人集體創造出來的奇跡。

不如用唐餅配咖啡

如果去過外地旅遊，會發覺香港的咖啡店水準頗高，不少咖啡師由炒豆烘焙到沖煮技巧都有深入研究，難怪香港選手在世界咖啡比賽的成績不俗。精品咖啡在香港的浪潮由十幾年前開始，水平一直提升，甚至影響到大眾對咖啡的看法，一般人現在皆可嚐出咖啡中各種精細味道。

惟獨配咖啡的小食，還有改進空間，現在大部分人都花心思在甜品蛋糕上，做得精緻好吃的當然大有人在，但我經常想，香港飲食文化深厚，用來配咖啡的小吃，不該停留在原地，大可作大膽嘗試，甚至走出自己的路。

我幾乎試盡各種中式小食來配咖啡，白糖糕、涼果、蝦子扎蹄，最後發覺用唐餅佐咖啡，味道最匹配，感覺最滿足。唐餅世界口味極廣，雞仔餅以南乳和肥豬肉搓成，半鹹半甜極為香濃；燒餅內有紅豆茸或花生碎，表面煙韌，內裏綿滑甜糯；香蕉糕香甜綿綿，口感特別；老婆餅表層香酥鬆化，餡料糖冬瓜茸帶有麥芽香氣；光酥餅吃的是麵粉香和乾巴巴的口感；皮蛋酥則可嚐出原隻皮蛋的黏糯質感和子薑的酸甜味。再數下去，還有芝麻餅、雞蛋餅、杏仁餅、茶粿、砵仔糕、薩其馬……全部都各具特色，提供了不同口感和味道，供人伴咖啡。

手沖咖啡的味道層次豐富，有各種的果酸香、花香味、堅果味，細心品嚐能喝出一個宇宙。唐餅鹹甜俱備，酥皮和蛋糕麵包各種質感非常齊全，還有一些奇妙的口味如子薑酸香和南乳的酥香，這些都是西式甜品少見的味道，大概可帶出新的刺激。

加上香港還有不少好的傳統餅家，旺角區有奇趣餅家，燒餅好吃，經常熱辣辣新鮮出爐，還有各式餅食如雞蛋糕、合桃酥、光酥餅。深水埗有八仙餅家，皮蛋酥有齊三層結構，最外面是焗得金黃香脆的酥皮，中間是一層蓮蓉餡，那蓮蓉餡還夾雜切碎了的紅子薑、瓜子粒，核心位置則是原個松花皮蛋，非常豐富滿足。港島區有卓越餅家，同樣是燒餅當主角，還有糕點如糯米滋和紅豆糕。元朗當然不能錯過大同餅家，過時過節熱鬧興旺，如去景點一樣。過去鯉魚門同樣雲集了很多餅家，方便人吃過海鮮後買手信回家。

這些餅家充滿香港特色，他們代表了香港從窮困艱難的日子，到七八十年代，人們口袋開始有零錢，肯花一點到零食身上。過去好些小餅家都是家庭式經營，師傅都曾在茶樓學師，最後自立門戶開始一家人的小生意，店面後方已是製餅工場，現做現賣，它見證我們勞動奮鬥的時間。期望今日格調十足的咖啡店和醉心研究各種味道的咖啡師，能跟這些餅家合作，讓中式傳統餅食，能夠掀開新的一章，創作出全新的價值。

雲吞麵在正餐之間

自從十多年前大家以討伐的姿態，攻擊大粒雲吞有失傳統後，坊間的雲吞好像真的變細了。雲吞和點心一樣，都是從廣州傳來香港的美食，那是南方精緻文化的代表，做得小巧才見真章，不為飽肚，純以半飽來解饞。

要追溯身世，雲吞是由北方傳到湖南，再去到廣州。二十年代的雲吞麵，都以豬肉為餡，開水作湯，粗糙廉價，是貧苦大眾的飽肚麵食。後來廣州不少麵家一改風格，做得精細，湯底用河蝦蝦籽加大地魚煮成，鮮蝦肉做雲吞餡料，分量細小而價錢貴，卻深得政商名流的愛戴，其中粵劇界人士尤其鍾愛，他們在演戲前後來一碗小的，作為小吃或宵夜，剛剛好的分量，最為適宜。

「細蓉」之名也由這時開始。有說是當時雲吞麵有分大碗和細碗，稱為「大用」和「細用」，「細用」漸漸就說成「細蓉」。當然，亦有人解釋是從前雲吞有加魚蓉，或文人見麵如見芙蓉，因而得名。

無論如何，這款小巧的雲吞麵最後因政局不穩，而隨民眾走難來到香港，當時廣州雲吞麵大王麥煥池的兒子麥奀、徒弟和兄弟各人，在香港繼續開麵店，有些酒家也將雲吞麵寫入餐牌，令香港保留到極高質素的麵食。

他們做的雲吞麵，湯底續以大地魚、蝦籽為基礎，選用厚身的大地魚，燒香後煮湯，再加羅漢果調和平衡。麵條過去都是店家自己用大碌竹，以麵粉加鴨蛋打成，麵條爽韌有彈性。雲吞則以新鮮蝦配大地魚粉作餡，體積細，有長金魚尾，具層次口感。煮麵講經驗，麵條走鹼合道，麵只需淥二十秒左右，一熟便過冷水，落豬油上碗，爽度適中。

一碗雲吞麵，四粒雲吞、九錢麵，匙羹放碗底，雲吞在中間，新鮮煮好的麵條蓋在頂。不見雲吞只見麵，因麵條易腍，泡久後會失了彈性口感，便以匙羹及雲吞把麵條墊高，以防湯水浸腍，這真是細心之極的擺放方式。

這麼講究的雲吞麵其實適宜細心品嚐，嚐湯的甘甜、麵的爽滑、雲吞的清鮮。一碗麵，該有多重享受。三數口吃完的麵條，就是勝在分量少，不會浸腍爽麵；雲吞不多，留有餘韻最令人回味。

今天我們的社會已發展良好，未至於捱餓，大概可繼續保留一碗小巧的雲吞麵，當是恆常小吃，或是歷史記錄。在正餐之間，在下午茶、宵夜，甚至早餐來一碗，跟魚蛋、燒賣一樣，純粹解饞，吃至半飽，腸胃不受壓，用味蕾享受那碗雲吞麵的精細感覺，畢竟它由一百多年前走來，經歷了很多變遷，走過漫漫長路，才會出現到我們面前，在香港落地生根。

車仔麵不宜太富貴

偶爾我會想起車仔麵，它為我們的生活提供了方便，價錢便宜，更有多樣選擇。在生活沒幾多選擇的狀況下，提供了一點不同。

車仔麵本來該是我們貧窮奮鬥年代的代表，像狗仔粉一樣，相傳狗仔粉本來叫作「救濟粉」，是木屋區火災後，缺乏物資，人們剪碎粉條煮開成糊來吃，接濟災民。車仔麵同樣見證我們努力打拚的過去，在不浪費食材的情況下，大家如何用腦筋或廚藝，將車仔麵的配料做得美味；在艱難的日子，一樣有驚喜。

然後我們發現煮車仔麵的師傅，都有自家秘方，把不甚矜貴的食材，煮出自家的風格。牛腩、豬大腸、鳳爪，不用現成醬料炆，用自家磨的天然香料，加南乳、柱侯、豆豉，自行炒出風味不一的醬汁，用火喉和時間把這些食材煮得入味，炆完再浸兩三小時，達至不腍不韌的完美境界。為去除蘿蔔苦澀味，要用冰糖煮，煮夠後再用香料炆，便有清甜效果。

紅腸不會白烚上桌，會煎香才待客。豬紅不用市面上混了雞紅或鴨紅的貨色，只用純豬血做的。土魷要選厚身的自己浸發，始能做到爽脆有咬口。想要獨特的，又可找屠房朋友，入鮮雞腸，用豉油王煮至入味，甘香肥美。

當然上湯都不能馬虎，一定要用明火煲，不用電熱爐滾，火力夠猛，熱力平均，上湯味道才夠鮮！不過，要數大家最愛的，還是車仔麵的辣汁，好些啡啡黑黑的，帶沙嗲香味，都用指天椒、辣椒粉、蒜頭、乾葱、豆瓣醬……炒過再用湯慢煮成濃縮杰身，如咖喱膽一樣，一匙伴落車仔麵，香味雋永，一口辛辣鮮香，把食物提升到另一層次；用油麵蘸辣汁吃，更是絕配。若果店家有心，自家製作辣菜脯，加在麵上，辣中帶鮮，更能滿足食客口腹。

這些食物不見華貴，只在乎細節有沒有做好，或有想人之未想的創意，但不知由哪時開始，有商人覺得車仔麵有利可圖，以連鎖店形式經營，甚至將它變得精緻，和牛面頰、加半隻龍蝦，添了和牛汁，價錢賣高幾倍，但實在不知這還算不算是車仔麵？

若果我想吃和牛和龍蝦，其實大可煎塊牛扒、焗隻龍蝦，大概毋須吃一碗龍蝦和牛車仔麵。車仔麵是我們過去辛勞的象徵，在物資不足的情況下，只有下欄食材，但當天天吃，人會悶，便想出各種方法，令豬皮、蘿蔔、牛腩、豬紅、豬大腸、冬菇、滷水雞翼尖、咖喱魷魚變得不一樣。一如每天滴着汗幹重複的工作，你會覺得生活不容易，但相信這套實務的工作系統，會換來將來的美好。
車仔麵是不該「忘本」的，它定義了簡單平實同樣有美好的一面，美味和日常，有時可以近在咫尺。

快餐店是屬於青蔥歲月的

隱約記得自己沒愛上過快餐店，只是在人生某個階段會經常幫襯——那是不重飲食、落力探索的時間。上學時的午餐時段總會擠進快餐店吃由熒光汁煮成的洋葱豬扒飯，下課後不想回家，會在球場流連，再跟同學坐在快餐店說無聊事，吃炸雞髀喝凍檸檬茶。

有傳快餐店的炸雞髀特別好吃，是因為送貨人員把一箱箱紙皮包着的急凍雞髀放在後巷，沒人處理，雞髀就放在室溫下解凍融雪，滴走了血水，像做了熟成處理一樣，吹乾雞皮後用油一炸，皮面香脆，內裏肉汁豐盈，肉質鬆化。

這些快餐店一向不講求細節，以效率為先，整間店子的裝修本來就為了快捷而設計，半開放式的廚房懶理油煙四散，最重要是出菜夠快，廚師煮好了即時上餐，食客三扒兩撥吃完。那年頭，快餐店都開在戲院、球場、學校附近，大家急忙買飯來吃，香港人都是時間精算師，從不浪費一天的半分半秒。

我很記得旺角球場旁邊的一家快餐店，每逢球賽必定爆滿。九十年代東方對南華大戰，旺角場一定座無虛席，旁邊快餐店的廚師不停炸雞髀、煎豬扒香腸，再把白烚的蔬菜放在熱飯之上，淋上熱辣辣的黑椒汁或番茄汁即成。大家那時候都不講究吃的是甚麼，沒有人追查這塊豬扒和那隻雞髀的來源，亦不多人會研究到底黑椒汁或番茄汁是如何製作出來，人人都有自己的追求，邊吃飯邊享受球賽，不經不覺便渡過一個充滿娛樂的晚上。

當球迷開始留在家中看英超和西甲轉播，戲院一家家的倒閉，連帶附近的快餐店都難逃厄運。偶爾會回到屋邨樓下的快餐店，它的門面依舊，只是椅桌舊了、老闆老了、餐牌燈箱褪色了。快餐店和屋邨本來充滿活力，代表勤快和追趕探索的時代，可惜時間沒給它留下情面，同樣以歲月磨平一家食店。它的落伍殘破，像傷了的感情一樣，不知從何修補。還記得店內的一個角落，有一對中學情侶曾經天天在此吃喝談情，直至一天吵架分手，從此再沒回來。

早忘記自己由哪時開始沒再去快餐店，大概覺得他們的食物太油膩、不健康，熒光色的醬汁太可疑，且裝修環境不夠光鮮，難以想像當年為何會每日流連。可能年少氣盛的日子會一下子過去，所謂青春躁動，義無反顧一味直衝只屬於當時；人一冷靜下來，甚麼都會過去，連帶自己的年輕歲月都一一流光了，再回不了頭。當你沒再去快餐店，也許時光在告訴你，成長的代價都付上了，我們不再趕急，不再衝前，慢慢地，會學懂很多事情根本沒有如果，也容不下一個簡單的決定。

港式西餐，聖誕大餐

童年時最期待聖誕節，可一家人到西餐廳吃聖誕大餐。這些西餐廳比往常的中菜館暗黑，串串燈光滿有節日氣氛。

那時候香港經濟發展好，市民生活質素漸漸改善，開始有餘錢花在飲食上，但平民百姓始終吃不起Hugo's、Louis' Steak House、Jimmy's Kitchen、Amigo，造就港式扒房的流行。除了早期位於灣仔的金雀、西環的森美餐廳外，西餐廳還開在平民區，太子旺角的名寶石、第尾牛扒、金鳳；土瓜灣的哥登堡；深水埗的飛鷹、美而廉……

聖誕大餐一律供應鐵板牛扒，配上濃稠的黑椒汁，還有豐富的羅宋湯、溫軟的餐包，餐後更有用銀碗盛載的雪糕或啫喱。當牛扒送上，醬汁淋上鐵板的一刻，即成全場焦點，滋滋沙沙蒸氣氤氳，成為不少人的童年回憶。

到長大後便知道世上根本沒有聖誕大餐，那是商人想出來刺激消費的點子，而西餐也是一個很空泛的概念，到底西餐是指吃甚麼呢？是歐洲菜還是美國菜？若是歐洲，到底是英國菜？法國菜？還是南歐菜式？情況就如你去外國，吃到一間「東方菜館」一樣，內裏有木瓜沙律、泡菜、刺身魚生、咕嚕肉和豆腐雪糕，你能分辨出這餐廳是甚麼菜系嗎？然後即使你吃遍整個歐洲，都再找不到一個地方賣香港七八十年代西餐廳的菜式，你便發覺過去的回憶其實相當珍貴。

這類西餐廳是某個時代的產物，它見證了香港人對外來餐飲的想像。過去俄式西餐由東北傳到上海，再由上海落戶香港，像新寧餐廳、莎厘娜便是滬式西餐的代表。另有一脈，從廣州來到香港，像太平館餐廳，是豉油西餐之佼佼者。還有一些則是從一批老店中模仿過來，再用自家模式經營。有趣的是這些餐室的廚師多是華人，他們或者曾在西餐廳打工，學懂做醬汁的竅門，但卻沒有放棄中式烹調手法，亦會遷就華人的口味而作出變化。

整個系統都是當時的人從有限的資訊中發展出來，知道洋人會吃牛扒，便嘗試入貨，在限米煮限飯的情況下，入不到最好的肉眼和西冷，便改為訂近臀部的位置，即是肉質比較韌的沙朗。肉質不佳，惟有下梳打粉醃鬆牛肉。知道華人愛吃熱辣辣香噴噴的醬汁，森美餐廳的老闆便改成堂弄黑椒汁，用洋葱、蘑菇、黑椒現場炒香；金鳳餐廳的老闆則在牛扒上加大量蒜茸，同樣是把本來的食物加以改良，創造出只有香港才有的菜式。

這些食物和上餐模式根本沒有所謂正宗不正宗，它本來就是模仿出來的東西，甚至模仿的對象根本不存在，是當時人們對西餐的認知和想像結合生成。港式西餐廳是因緣際會下獨一無二的產物，它長出了自己的生命，我們可從中窺視到當時人對外國餐飲的了解。從戰後走到今天，這些餐廳給予我們不少愉快回憶，是容易被人忽略，卻值得保留的一套飲食模式。

重新愛上士多啤梨雪糕

不知道有幾多朋友跟我有相同經驗？自從小時候嚐過難吃至極的士多啤梨雪糕，從此討厭了天下間所有士多啤梨味食物。

我成長在八九十年代，那年頭，士多啤梨雪糕是三色雪糕的其中一款味道，幾多小朋友努力吃完其他兩款，懷着不知如何是好的心情面對士多啤梨味，到底吃還是不吃？不吃是浪費，那段日子一口甜味得來不易，但吃下去，卻是舌頭受罪。

那款士多啤梨雪糕顏色本來已非常奇怪，極不天然的粉紅色，味道更是恐怖，吃不出甚麼士多啤梨味，談不上有果香，甚至會令人聯想到藥水。在冷凍運輸技術還未發達的年代，小孩根本未吃過來自寒冷地區的新鮮士多啤梨，只是從這款三色雪糕中嚐到所謂「士多啤梨」的味道。

「原來士多啤梨就是如此！」錯誤生出，足以影響人往後的判斷。味蕾會連結經驗，同時，味覺的第一印象，會產生深厚的記憶。有人類學家說過，人之所以愛甜，是因嬰兒吃到的第一口母乳帶甜，我們的味覺記下了當日的幸福滿足感，自此甜味成為我們安心的味道。

反過來當你嚐到難吃的東西，味蕾的刺激同樣會傳到腦海，成了難以忘記的回憶。很多人第一次嚐過人工化學合成的士多啤梨雪糕，自此抗拒，甚至害怕吃到天然的士多啤梨。這個例子以外，不少人第一次吃生蠔，碰上了不新鮮的，一口帶腥味的蠔水令人即時想吐，往後的日子，他再吃生蠔，便有噁心欲吐的難受。

認識不少朋友，他們討厭吃鵝肝、淡水魚、羊肉、魚鮮刺身、風乾火腿……追本尋源，都是吃喝的第一次，有過不好經驗，在想吐未吐之間徘徊，在吞與不吞的關口中浮沉，從此抗拒。

偏偏第一次嘗試的東西往往未盡如人意，不能保證人生第一口味道必定樣樣皆好，正如有幾多人能由初戀開始，一直白頭到老。我們大概都要學懂走出陰影，在月色暗夜中重尋真味。見證過很多人，由起初怕吃生蠔，勾起人生不佳體驗，到一步步重新嘗試，逐次逐次減省痛苦回憶，消除魔障的過程漫長而艱辛，但克服過後，會發覺世界廣闊了。由害怕生蠔到最後能吃出其鹹鮮風味，味蕾解開心結，重啟了一道門，這門通向味覺的歡愉。

我們應該要埋葬過去痛苦的經驗，攤出難吃食物的清單再逐一克服，沒有捷徑，只有開始不開始。還是覺得困難？那麼，就由士多啤梨雪糕作為起點吧！今天的士多啤梨雪糕已變得好吃，更混入真實的果肉，無論如何都比當年吃到的出眾，味蕾大概不會再投訴了。

乾炒牛河的末日

「不如你帶我去吃乾炒牛河。」好幾次外國朋友來港，他們劈頭第一句便希望我帶路，找好吃的乾炒牛河。這實在為難，本來我準備好跟他們早餐吃白粥油條，午餐嚐蒸魚、炒田雞腿，晚上再來燒味和手工粵菜。想不到朋友的要求簡單，要滿足卻極不容易。一如從前有位日本朋友來港，指定要我帶他吃炒飯，對他來說炒飯正是香港美食！

我當然知道哪裏有好吃的乾炒牛河，但往往要跑到高級中菜廳找大師傅炒煮，始能吃到一碟好的牛河，真是大費周章。乾炒牛河本該是平民美食，只要新鮮即炒、夠鑊氣、調味適中，其實已足夠了，最好落街隨便找家茶記，已可吃到一碟有水準的，這才是我們熟悉的香港。

如今乾炒牛河的問題，主要是負責炒煮的師傅工夫不夠好，怕炒燶，不敢用火；鑊燒得不夠熱，怕黐底，便一味落油，炒出來的牛河口口都是油，肥膩而不好吃。加上用質素差的牛肉，肉韌，不停下梳打粉醃鬆牛肉，牛肉失去本身味道，甚至有一陣化學味。河粉也好不了哪裏，如今好些人做河粉，為減省成本，用很少的米漿，加大量粟粉，延長保鮮期，河粉呈透明狀但完全沒米香。這些沒加太多米漿的河粉不易斷，容易炒，深受一些師傅歡迎，卻苦了食客的舌頭，一來米香不足，二來它不易上色，炒出來的牛河賣相一般。

好的乾炒牛河不該如此，執行上有很多細節要注意。選的牛肉要有咬口但不宜太韌，不用下梳打粉，簡單用適量的調味醃，再薄切，方能炒得細嫩。河粉要有米香，買回來後要人手撕成一條條，方便炒時上色，亦令每條河粉都炒得夠香夠透。這個小動作極為重要。

用火自然是關鍵，鑊要燒得夠紅，熱力控制得好，便不用下太多油，油沒有包着河粉和牛肉，炒出來才夠香。燒紅鑊，炒芽菜、牛肉、薑絲，最後加河粉快炒，下生曬豉油調味，很多

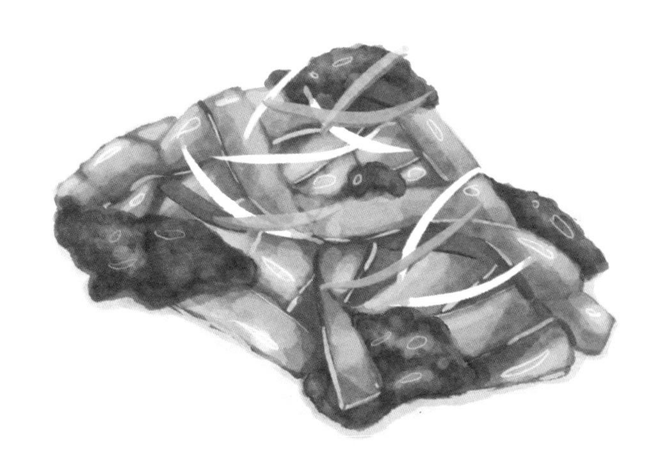

師傅還有一個秘訣，是結尾下丁點砂糖炒，炒出來的牛河會有一陣焦香，無論口感和味道，都更勝一籌。

這樣子的乾炒牛河，鑊氣十足，食材生熟程度控制得宜，牛肉夠嫩，芽菜脆口，河粉香滑，更有一陣濃濃的豉油香，再看碟底的油分便知師傅廚藝。碟底有一泡油，代表火喉不佳；碟底乾爽，表示用火一流。好的乾炒牛河應當如此，而曾幾何時，香港不少餐廳都能炒出一碟好吃又夠火喉的牛河，只是今天因餐廳制度問題，食材有變，師傅工夫不夠，令牛河質素下滑，間接令很多人怕吃此等美食，惡性循環下，乾炒牛河添上了不健康的污名，香港作為美食之都，又少了一樣讓遊客吃到痛快的美食。

「清湯腩不用太肥！」

認識一位粉麵店的師傅，為人火氣猛，獨沽一味賣清湯腩，卻規矩多多。他經常罵人不懂吃，每次聽到客人叫：「坑腩河要夠肥的！」他就出來喝止：「坑腩不會夠肥的！」

今天食客吃清湯腩，好像一致地認為夠肥才好吃，或者很多人誤以為肥就等如腍滑，只要牛腩多肥油，就一定軟腍好吃，久而久之，大家出街吃牛腩都要吃肥的。

這當然是一個誤解。要吃到軟滑好味的清湯腩，不一定要口口油脂，這關乎牛腩本身的肉質、炆煮時間的控制和切牛腩的方法，三者都會影響牛腩的口感。牛腩位天生韌，不能煎炒烤，要炆才夠腍。過去南方人多用柱侯醬炆牛腩，據說後來吸收了貴州人做清湯羊腩的烹調手法，再改良成今天清湯牛腩的模樣。

清湯通常用牛骨烹煮，再加蘿蔔添香氣和甜味，炆料則用上草果、八角、陳皮等香料。既然是吃清湯腩，湯清很重要，現今太多人要吃肥牛腩，要見到一塊塊肥油才算是肥，根本大錯特錯。牛腩本身已是極為肥美的部位，吃的該是內裏的油花脂肪，表面一大塊的肥膏應該去掉，才能吃出湯清、牛腩爽滑、牛肉味濃的效果。

要做到這效果，炆牛腩的時間要足夠，一般要原塊放進湯裏，慢火炆足四小時，讓肉味保存在其中，炆的過程還要不停撇走油分，才能做到湯底清而不濁，甜而不膩。明火炆後，最好熄火焗，等牛腩慢慢吸收湯汁香味，之後再用細火滾，再熄火焗，重複幾次即可做到軟滑而不散的牛腩。有些師傅還會在炆到一半時，吊起風乾，蒸發水分，令味道更濃。再落鍋時，又會調動牛腩擺位，如腩皮最難炆腍，就要放在爐底；爽腩易熟易爛，便放上層。

炆好的牛腩，就要裁去肉質粗嚡的邊位，留中間嫩滑的部分，切開成件。切牛腩非常重要，要看牛腩肌肉紋理，最常見是逆紋切，亦要在筋膜位斜切，以斷筋位，吃時口感就較軟滑。不同部位，也有不同切法，像較韌的腩皮，會先斜斜薄切，再打直切成約一厘米粗的長條，入口即爽口不韌。而每件清湯腩最好都帶着薄膜，太瘦的位置要切得較薄，這樣入口即會爽中帶嫩，牛味濃郁而不覺油膩。

今日香港食店都重視清湯牛腩，平價食店用的多是巴西貨；若好的店則會用美國牛肉。其實美國牛的水準穩定，品牌多，逐一試過便知哪家最好最實惠。如果在街外吃時，經常吃不到心水部位，不如買一包急凍的美國牛腩回家自己做，用大地魚和牛骨煮湯，加大量蘿蔔炆煮，慢慢將牛腩切成各種大小，就算一次失敗，第二次改良後自能成功，毋須在外大排長龍又吃到好牛腩，這些時間和金錢絕對值得花。

世上只有兩種麵包店

意大利名導演費里尼是位美食家，他說過：「生命是魔法與麵包的組合，是幻想與現實的組合；電影是魔法，麵包是現實。」我們常常把麵包與愛情放在天秤上，麵包永遠站在「實際」與「現實」的一方，它好像不夠浪漫，只能當充飢的良伴。

事實真的如此嗎？明明我們都有這樣的經驗：小時候上學前，到學校附近的麵包店買一個熱辣辣的菠蘿包或雞尾包（極餓時還會加個蛋撻）。那時的麵包店都是家庭式經營，老闆就是麵包師傅，一家人胼手胝足落力工作，凌晨開始在工場內搓酥皮，做麵包，這些麵包店沒用上新式全自動麵粉機，只靠一部古老的滾筒式儀器，搓麵糰時，仍要看當日的濕度和溫度，是頂着高溫還得密密幹的工作。

然後學生們就在上學途中嗅出麵包香，這些出爐麵包就像一個有機生命體，拿上手暖呼呼的，像會呼吸一樣。菠蘿包的皮面仍是香脆熱辣，雞尾包的餡料溫暖而甜膩，還有墨西哥包的香甜軟糯、煎蛋火腿包的豐盛、肉鬆包的甘香惹味、椰撻的絲絲甜味……趕上學的日子，大家都會在學校門外急忙吃完那個出爐麵包，總有幾個同學在手忙腳亂吃腸仔包時，不小心掉了香腸，之後忍着眼淚半推半就吃完那個沒有餡料的麵包。

這些麵包都很實在，麵包店也平實得像一塊石頭，很多人都認為它們會經得起時間的考驗，讓一切定格於某時某地。但後來的故事我們都知道，街坊麵包店不再出現在屋邨，換來的是連鎖經營的店舖，門面光鮮了，麵包的種類日新月異，但卻再嗅不到麵包香氣。他們的麵包在中央工場處理，送到門市再簡單翻熱，麵包不懂呼吸，沒生命一樣，沉默如一個剛離世的病人。

如果世上真的只有兩種麵包店，一種的出品是即焗新鮮出爐的，另一種就是後加工或翻熱的。我們見到太多屋邨麵包店結業，或者新開的連鎖店太難吃，再加上外來的麵包店愈來愈多，便開始投進外國麵包的懷抱：愛牛角包的牛油香，喜歡法包的外脆內煙韌。

直至有天再嚐到剛出爐的菠蘿包雞尾包，麵包香氣連繫着記憶，連同多年前生活的畫面情景，一下子就浮現出來。當見到一家老派麵包店還如昨日安好，麵包店老闆跟從前一樣，還在搓麵糰等發酵，只是樣子看起來老了；如此情景，總會悔恨自己太過勢利，即使嚐過世間的美食，也該要繼續欣賞簡單實在的東西。在努力向前跑時，仍要懂得在適當時候，回頭一看，因為還有人在原地，一直等待我們。

街坊麵包店的存在，幾乎是用那種粗糙、簡單、日常、溫柔，以生活對抗分秒年月，用平淡忘掉時間，而且它確確實實的存活，定義了一個事實：有時世界沒變，變的只是我們。

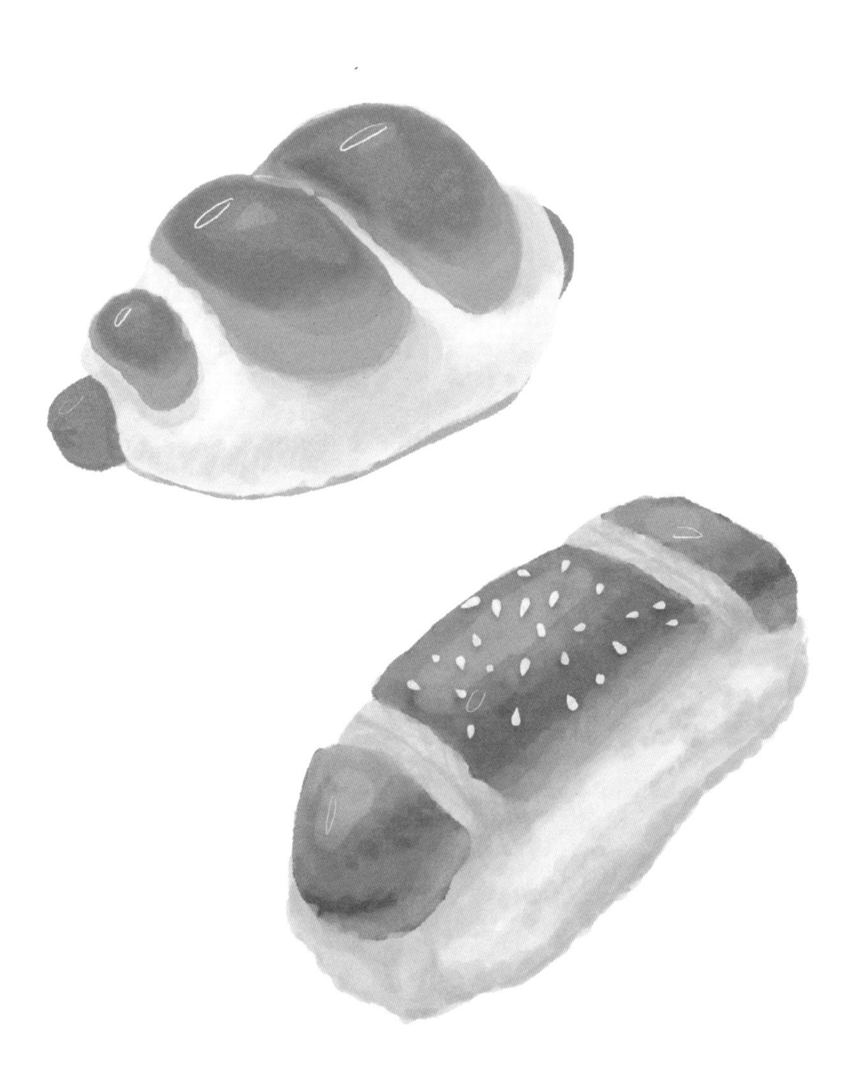

溫暖的菠蘿油最窩心

如今很多茶餐廳為節省成本，已改用現成的工場製麵包，沒新鮮出爐麵包的香味，整個進食體驗便差了一截。我喜歡還留有餅房的茶餐廳，門口玻璃櫃裏，放滿提子包、腸仔包、雞尾包及椰絲奶油包等，更有紙包蛋糕、椰撻、瑞士卷等外形簡樸的糕餅；如果仍有今天鮮見的蝴蝶酥、皮蛋酥、蛋球，更是加分。選擇多而常有新鮮出爐麵包，代表店家仍重視自己出品的質素，更重要是，可以在下午茶時段到茶餐廳，吃一個溫暖的菠蘿油。

這根本是童年回憶——「有新鮮麵包出爐呀！」當麵包師傅抬着一盤麵包出來，香氣四溢，自然會有點一客麵包的衝動。眾多麵包中，以菠蘿包最搶手，碰上出爐時間，叫菠蘿油之聲便不絕於耳。菠蘿包的表皮烘得金黃香脆，包身卻像海綿般鬆軟，夾住一片厚厚的、被菠蘿包熱力弄至半溶的鮮油，入口酥香軟熟。

現在舊式餅房師傅做菠蘿包，多用半人手操作的拌麵糰機器，力度較全自動機器更均勻，但要靠經驗，令麵糰打至柔韌適中。有些店家會在做麵糰的基礎上，再發酵多一次麵糰，據說口感會格外鬆軟。

至於菠蘿皮則最為重要，用一般麵粉、雞蛋、糖、牛油加豬油搓成。有些人怕豬臊味，或者怕豬油來歷不明，都改用牛油。搓好的菠蘿皮如果能放入雪櫃冷藏二十多個小時，菠蘿皮則會更結實，焗出來尤其脆口，且不易散。這樣做出來的菠蘿包表面金黃，菠蘿皮酥脆，卻不散開，一口咬下，餘下的脆皮亦不會掉下，若包身鬆軟有嚼勁，每咬一口後都會有輕微的回彈。

在香港還可找到幾家茶餐廳，賣好吃又新鮮出爐的菠蘿包，像灣仔金鳳、檀島；旺角的金華、鴻運皆有水準。若變成菠蘿油，就得看那片牛油的厚度和包身的溫度。有些茶餐廳師傅很懶，一把刀切盡麵包、檸檬、牛油，沾了酸味的牛油固然難吃，加上很多雜質的鮮牛油更是奇怪。菠蘿包當然是剛出爐的好，但太熱又不能入口，最佳的狀態是焗好後放涼一會，再將一片切得剛剛好厚度的鮮牛油，夾在暖暖的菠蘿包中，半溶未溶的情況，包軟帶油香，味道最是曼妙。

可惜要找到這個狀況的菠蘿油，極有難度，最好還是自己做！通常簡單的方法是先把牛油放至室溫，再到附近麵包店買一個菠蘿包回家，預熱焗爐再熄火，放菠蘿包入爐用餘溫烘熱，最後放上一片牛油即成。

吃朱古力，我愛泡焙火鐵觀音。菠蘿油濃郁厚重，沖一壺熟普洱最好，吃完帶油膩的麵包，油香未褪，喝普洱消滯，感覺上佳。這樣的下午茶完全是香港味道，是其他蛋糕咖啡不能取代的美好滋味。

只需要牛油皮或酥皮

香港曾經出現過無數款變種蛋撻，鮮奶、朱古力、流心芝士、抹茶、榴槤、斑蘭……無論是在口味上創新，還是想在形式上突圍，通通敵不過最經典的兩款口味，牛油皮蛋撻和酥皮蛋撻恍似不會走調，經歷了多少年月，還擁有大量捧場客，歷久不衰。

我們估計牛油皮蛋撻較先出現在香港，因為它來自英國蛋撻，在上世紀四十年代傳入香港，最初只有西餐廳供應，後來傳入冰室。當時仍是傳統英式做法，蛋撻以牛油、麵粉和糖搓成，焗出來表面光滑完整，口感像曲奇，故又名曲奇皮。雖然是用牛油來做撻皮，但為迎合中國人愛吃熱食的習慣，標榜新鮮出爐。它堅挺不易塌，最吸引人是香脆的口感和濃郁的牛油香味。

本來香港是牛油皮蛋撻的天下，直至五十年代，當年有冰室的製餅師傅，自創以中式酥皮再加牛油做撻皮，製成中西合璧的酥皮蛋撻。做酥皮必須將一塊水皮（以雞蛋、水和麵粉搓成）和兩塊油皮（以牛油、豬油、鮮奶和麵粉搓成）像三文治般夾上，經過多番摺疊研平，使油皮水皮梅花間竹般夾着；由於水油不混合，焗出來便形成層層分明的效果。每次摺疊後，油皮都得雪藏數小時以上，才不會因多番研平而溶掉不成形，所以若工序一氣呵成，前後需時大約二十四小時才能完成。

做酥皮，重點是層數多，但層數多，不代表一定入口鬆化，還講求師傅手勢——

要是壓平的力度太大，焗出來酥皮會太實，不酥脆；同樣道理，壓牛油皮都要用力平均，特別是底部，壓得夠平均，入口才不會又硬又厚。

大家經常把重點放在撻皮之上，但其實蛋漿的好壞同樣影響蛋撻質素。第一，不能減成本，蛋漿摻太多水，失去天然蛋味；第二，撻皮的牛油味不可太重，蓋過蛋漿的蛋味；第三，做蛋漿要用滾水將糖融化，攤凍後與雞蛋、奶混合，但因蛋漿表面會有氣泡，一定要用篩隔走，焗出來才滑溜；第四，落蛋漿分量要剛剛好，太多會脹開，太少會凹陷，無論外觀和口感都差了一截。

製餅師傅一般會用焗爐的上下火一起焗數分鐘，然後關掉上火再焗。其中關火用餘溫焗的時間控制最為重要，控制得宜，蛋撻剛剛熟，蛋漿就能做到嫩滑無比的效果。

出爐蛋撻色澤亮麗，撻皮鬆化，厚度適中，不乾不硬，不油不膩。蛋漿像有生命似的，脹卜卜，嫩滑香甜，蛋味突出，甜度剛好。我們雖然常常討論酥皮和牛油皮蛋撻，到底哪款比較好吃？但很多朋友根本兩者兼愛，兩款都常吃！

我們一直愛蛋撻，從來沒有放棄過，以至即使有新款蛋撻面世，潮流不停在變，酥皮和牛油皮蛋撻仍然留在我們的生活裏。它們是香港人的暖心食物，獨特的位置，難以取代。

莫忘街市豆腐花的美好

記憶中的街市一片濕滑，是小朋友的噩夢。走不上兩步已隨時滑倒，媽媽帶着我買菜不方便，只怪自己年紀小，幫不上忙，甚至是負累。

豆腐檔成為街市的小驛站，媽會安頓我在檔中，點碗豆腐花，她就一身輕的爭取時間獨自去買菜。以前沒獨留子女的概念，我一個人一碗豆腐花，就能消磨獨處時光，何況豆腐花有種美態，在手中如掬一朵雲絮，逗得人滿心歡喜。

街市的豆腐檔有小孩專用的椅桌，相識不相識的小朋友便圍坐一起，吃面前的柔滑細嫩。人生的「搭枱」經驗也在這兒累積，與陌生人同桌吃喝變得極為尋常。從前只知豆腐花甜美輕盈，哪知甚麼是「粒粒皆辛苦」，也沒心神看檔口的潮起潮落。豆腐檔有自己的一套節奏，與街市的繁盛熱鬧一脈相承，老闆忙着切豆腐，太太倒豆漿舀豆花下黃糖，街坊買豆卜腐竹，圍着一板板的豆腐，想今晚如何把一方白變成家常便飯。偶爾師傅從後面工場抬出新鮮熱辣的豆腐，面前人總是鬧哄哄的，水氣氤氳蒸發掉嘈嘈切切的音色。

小時候不知這是生命力，也從未聽過甚麼叫人情味，很多事情在你認知前已經存在，到你想了解時，原來一切早已遠去。這些豆腐檔成為我的回憶，出來工作開始按圖索驥逐間尋覓：北角德興隆、土瓜灣貴記、旺角街市中的廖同合、九龍城義香、深水埗公和、西灣河珍香園……每次去到都總有「原來你還在」的感嘆，食物倒是多年不變，冬天會吃碗暖的豆腐花，如果有點薑汁已夠暖心；炎夏會點凍豆漿，再加煎釀三寶或煎豆腐，同樣實實在在，給人半飽的踏實感覺。

這些食物利錢不高，全是三數塊錢的豆製品，但每樣都花工夫。一杯濃厚的豆漿，便要把黃豆浸軟，磨碎隔渣，再煲煮成漿。豆愈多，豆漿味愈濃。隔渣愈密，質感愈細滑。漿水還不能用蒸爐，得要用傳統的大鐵鑊明火煮，煮時要小心控制，一過火會焦燶，不夠火路有「臭青味」。有了豆漿，再加凝固劑，就可製成各種豆腐。將豆漿加少量石膏粉凝固，再用布包定型，擠走一點水分，滑滑溜溜的就是布包豆腐。用較多石膏粉凝結豆腐，再放進鋪上白紗布的木箱內，以重物如石頭或木板壓實，令其流出大量水分，即成硬豆腐或叫磚豆腐。別看輕小巧的豆卜，每粒都是心機，要用較扁較實的豆腐做；一板鹽滷豆腐切成幾百塊的小方丁，浸水數小時讓其發透，之後下油鑊炸，期間要金睛火眼看緊火路，少望一刻即會燒焦。

豆腐花則是一門玄妙的工夫，要用豆漿撞進石膏或鹽滷中，講求力水，秘訣是要從高處使力撞下去，翻起一朵蓮花般，豆腐花即成。用力不好，一撞即散，只有一次機會，沒有回頭路。

由於豆品重新鮮，不能一次過做太多，沒法一氣呵成，很多豆品師傅要凌晨兩點熬到六點，做新鮮豆品應付開店所需。中間休息兩小時，朝早八點又做一輪，午飯過後，尚且要再做三輪，才能滿足街坊需求。

師傅們每天便是這樣，躲在工場，將稠身的豆腐花，一殼連一殼舀進木框架，蓋穩布包，然後一板壓一板，重力迫使豆腐花流出水分，水分少了，豆腐成形。這時要將一塊木板蓋上框架，跟着使力把整個框架反轉，將豆腐倒上木板。這工夫易學難精，轉得稍不暢順，整板豆腐報銷，且易傷腰骨。

幹這差使的，如今多是老人；來買豆腐的，同樣有了年紀。人老了，牙齒不靈，惟有豆腐不離不棄，還是簡單靜美，易於入口。見到如此光景，有時會想起家中親人，也許在不知不覺間老了、變了。當日在街市中吃豆腐花的小朋友，亦過了不知多少年月。

新式的街市乾淨整齊，有很多進口肉類和蔬菜，只是一包包抽了真空的盒裝豆腐，令我聯想不到真實的生活，街市還是需要一爿豆腐店，像凌亂中有一方白，它的淡，平靜得不見時間，綿白中有細微的動人小節。那口甜滑只是表面，潔白的印象，卻可讓人細水長流。

第二章　吃的反省

誰懂得品味咖啡的甜

近年咖啡店遍地開花，咖啡迷隨便都可說出各種咖啡豆的特徵，由產地的天氣、海拔到處理手法，無論是日曬、水洗、半水洗、蜜處理，中間所產生的變化，以至各式花香、水果、堅果味的形容詞，咖啡迷和咖啡師都可如數家珍說出箇中分別，彷彿愈飲得仔細，愈能對咖啡有深切了解。

我們上咖啡店近乎成為一種儀式，看着咖啡師燒水磨豆，先嗅乾粉的味道，再用鼻子感受三次注水釋放出來的香味，然後理解咖啡師在咖啡重量、水量、時間、溫度之間的控制，將完成品逐少逐少滑入喉頭，聯想出那細緻的果酸味或濃重的果仁香氣——若果幻想力豐富，只需一口咖啡，已可送你去到遙遠的非洲山區，仰望高原上的咖啡樹，掛滿火紅紅的果實。

這種體會，再加上對咖啡的認知和探研，當然有助理解咖啡原豆的味道，但當品嚐咖啡充斥着儀式感，它令我想起世上的另一種人，他們以身體需要體驗咖啡。

有段日子我常在深水埗尋找老店訪問，日子過得不容易，每天下午四時左右，便要躲到區內的華南冰室歇息，抄寫筆記。而我發現每日相同時間，都有一位拾荒婆婆準時到來，點一杯咖啡（有時是奶茶）加一件蛋撻。

這位婆婆一身破落，執紙皮維生，大概身無長物，可她非常重視面前的咖啡和蛋撻。她會在咖啡中下兩茶匙糖，再灑一茶匙糖到蛋撻上，這個糖量會讓現代人和營養師緊皺眉頭，這杯咖啡在咖啡愛好者眼中也不會好喝到哪裏，味道質感粗糙之極，但她卻一口一口的細嚐咖啡的濃郁芳香，珍而重之的咀嚼蛋撻。

冰室的環境非常嘈雜，街市中人七嘴八舌討論逸事，身邊不停有客人進進出出，侍應拿着食物穿梭於人群與卡位之間。婆婆幾乎無視外在世界，面前就只有蛋撻和咖啡的甜香，她大概忘了日月，專心享受安逸的一刻，然後掛上一臉滿足，從口袋裏數算着零錢付款。她真懂得欣賞咖啡嗎？她知道咖啡的來源嗎？她明白各種沖煮方法嗎？她有嚐出咖啡的真味嗎？還是她以咀嚼過程、愉快的表情，用真實生活告訴世人，一次豐富滿足的飲食體驗來自踏實幹活，無關知識和貧富，不論身份和地位，那是上帝給人類小小的喜悅。

婆婆離座了。外頭烈日當空，她就靠這短短的時間，用些微甜味，逃避人世的苦熱。她真懂得欣賞咖啡嗎？她知道咖啡的來源嗎？她明白各種沖煮方法嗎？

她有嚐出咖啡的真味嗎？作為旁觀者，我只能胡亂猜測。

甜蜜血汗

在深水埗看過一位婆婆每天喝咖啡加糖，才知道甜味對某些人來說，非常重要。古代的歐洲人想吃糖並不如今天般容易，翻一下歷史，蔗糖由阿拉伯人傳入歐洲，但甘蔗這種熱帶植物，很難長於歐洲這種高緯度的土地，只能在地中海一帶的島嶼種植。產量少，使蔗糖成為一種奢侈品。

有段時間，歐洲人甚至把糖當成藥品，深信它能治病；在英國，只有王室和貴族能在沒病的時候食用蔗糖。供求失衡，蔗糖價格長期高企，直至哥倫布發現美洲新大陸，歐洲人終於想到方法滿足國民和貴族的口腹之慾。

美洲成為種植甘蔗和製造蔗糖之地，但加勒比海一帶氣候炎熱，風土病如黃熱病及瘧疾肆虐。十七世紀，歐洲國家把一船船的奴隸送到美洲蔗田工作，他們包括戰俘、囚犯、低下工人……但一般人根本承受不了當地的惡劣環境；後來操控北美蔗田生意的組織，從非洲等地，以不同方式誘導黑奴上船遠航，黑奴們捱過漫長的船程，病死的已不計其數，保住性命上岸後，等待他們的，卻是如煉獄的生活。

甘蔗需在暴烈的陽光下成長，奴隸們便要在暴曬下種植甘蔗，連日用鐮刀收割，將甘蔗去皮榨汁。他們要完成蔗糖生產工作，必須操作甘蔗榨壓機，用蒸鍋煮滾甘蔗汁。當時的工廠設備沒太多安全措施，工人自然沒甚麼保障，偏偏甘蔗在採收後的二十四小時內，就得榨好兼煮好汁液，不然會變酸，製作過程需要全日無休般輪班，在缺乏休息下，工人們意外不停，稍有不慎，便會跌入滾燙的糖膠中，高溫下，輕則沒了手腳，死亡也司空見慣。

數以百萬計的奴隸，在美洲島嶼中的蔗田和糖廠中工作，不停製造蔗糖再送到歐洲，加勒比海瞬間成為人間地獄。在歐洲貴族的下午茶盛宴中，層架上放滿精美甜點，淑女盛裝出席，指尖觸着華貴美食，享受甜味帶來的愉快感覺。而在地球的另一端，日夜無光，美洲的工人們常在蔗田超時工作，中暑暈倒；手腳被蔗樹割損，傷口在烈陽下開合爆裂，難以痊癒。更諷刺的是，奴工付上生命製造的甜糖，只能送到歐洲貴族的嘴邊，自己卻沾不上半口，那是世界最弔詭的問題——為何農夫為世人種植糧食而自己吃不飽？黑奴為歐洲人製造出足以炫耀的奢侈品，可他們卻如今天的建築工人一樣，起出了一座自己永遠買不起的房子。

慘事終歸會傳到有心人耳邊，反奴隸制度的熱血青年率先走上街頭，身體力行抵制以不人道手段製造出來的蔗糖，不少人更呼籲社會停止吃加勒比海運來的蔗糖，並強調「嚐一磅的糖，等於吃兩盎士的人肉」，嘗試將大西洋彼岸的慘劇，送到人們的面前。

喝冧酒的自由

在美洲蔗田每天超時工作的黑奴，手腳受損下製造出歐洲名貴的蔗糖，可工人們卻不能沾上一口。面對每日充滿危險的艱辛環境，他們吃不下嚥，生命成疑，唯一可以用來對抗荒謬世情和麻醉自己的，是冧酒（Rum）。

提煉蔗糖，過程中甘蔗汁要加熱過濾，並產生一種叫糖蜜（Molasses）的副產品。黑奴首先發現，糖蜜發酵能產生酒精，經過蒸餾可成為冧酒。初期製作時，酒質不好，只有莊園的奴隸們會胡亂喝下。他們經過一天不合理的工作後，用味道強烈的冧酒灌醉自己，當受到僱主無情的壓榨時，即躲在一旁狂喝冧酒發洩內心的不滿。

酒精成為排解無奈現實的出口，工人們把自己喝得爛醉以對抗世界的荒謬。這種令黑奴生活得到慰藉的烈酒，經殖民者的船隊傳到大西洋兩岸，竟然瞬間流行起來，成為世界各地碼頭工人、水手和海盜的最愛，但諷刺的是，這種烈酒促成了更大的剝削，間接產生了惡名昭彰的「三角貿易」。

歐洲殖民者把紡織品和冧酒帶去非洲，以此誘惑當地人，用商品換取黑奴，送往美洲的莊園工作；再借黑奴的勞力，種植煙草、棉花，並製造出蔗糖和冧酒。「十五公升的冧酒就能買到一個未成年的男性黑奴」，這句話流行於大西洋兩岸，並創造出噩夢一樣的循環——工人用來麻醉、忘記面前生活痛苦的冧酒，無意間令到更多的黑奴來到美洲工作，日復日無以解困，在利益為題下，恐怖的三角貿易持續運行。

直至十八世紀末，英國的青年看不過眼，上街抗爭，呼籲大家不要再吃蔗糖，以社會運動告訴世人，桌上那件精緻華麗的甜點，其實來自遠方的一場悲劇。情況就像今天的示威者，停止購買某些服裝品牌，迫使大企業關閉血汗工廠，承諾不再剝削種植棉花的工人。結果，英國成為全球最早廢除黑奴的國家，年輕人的抗爭得到勝利。過了數百年後，世界再沒黑奴，蔗糖的價錢已回到合理水平，我們亦聽聞過不少「公平貿易」的農產品，可惜的是，「味道」的剝削仍然存在。

世上還有很多獨一無二的鄉土美食，像西班牙南部伊比利亞黑毛豬火腿、日本福井的越前蟹、伊朗的鱘魚子……今天這些美食已成天價，甚至當一種美食在當地捕獲和處理好後，便即送到各大城市，商人分銷買賣賺個盤滿缽滿，而在西班牙負責醃製伊比利亞黑毛豬火腿的工人，一生卻從未嚐過這些火腿，正如在伊朗，大部分國民都沒見過魚子醬一樣。

土產不再屬於當地人，像我們吃喝，再得不到自由。這是一件諷刺的事嗎？我們本該擁有吃喝的自由，這可能是人類與生俱來最原始最實在的自由。但為何潔淨的水、清新的空氣，今天卻需要付出代價來換取？百年來的當下，仍然是個謎；而抗爭，好像沒完沒了，未能休止。

農夫爲何吃不飽？

一九三三年二月，史太林在一場公開演說中，引述了列寧的名言：「不勞動者不得食。」那兩年，史太林為推動蘇聯急速工業化，要整個國家的農場配合，集體種植，目標是提高產量，大量出口穀物，賺取資金購買工業機械，同時希望世人相信共產主義的美好。

一個表面宏大的集體化計劃，結果導致烏克蘭大饑荒，數百萬人餓死。諷刺的是，當時烏克蘭農產量極大，是歐洲有名的糧倉，農夫為國家生產糧食，自己卻活生生因飢餓而死，這是何等荒謬的事。

好些歷史學家分析當時「努力工作者卻不得食」的原因：史太林深信烏克蘭的農民匿藏農作物，並大大提高該地區徵收的數量。可憐農民出盡全力耕作，卻依然未能生產足夠穀物上繳政府，配給到的食物愈來愈少。史太林還實施護照制度，不讓烏克蘭的農夫逃到城市，更派出政治保安總局的探員，全力搜刮烏克蘭境內的穀糧。最後，當地農民餓得完全沒有氣力，只能吃狗吃馬，吃腐爛的薯仔，繼而吃老鼠麻雀，吃樹皮昆蟲，最後一個一個的死掉。

這是發生在一九三三年的悲劇，不是天災，是人禍。過了接近九十年後的今天，農民吃不飽，仍然天天發生。其中一個原因是落後國家不斷賣地，很多發展中國家法治不足，官商勾結嚴重，經常由貪污政府牽頭賣地，強行收地再賣給跨國集團經營農場工廠或開採資源。受害的是世代耕作的農夫，家園以低價被強拍賣地，失去農田。跨國集團會以大型機器取代農夫，令他們變成無業遊民，即使聘請他們繼續耕作，但大部分剝削情況嚴重。工時長，收入低，農民為集團種植農作物，自己卻長期活在貧窮線下，溫飽也成問題。很多犯罪集團看中這些農夫，丁點利誘便可操控飢餓的靈魂，本來樸實的農夫可在一夜之間成為罪犯，而背後可能與我們吃到的一棵入口蔬菜相關。

一直有留意網站 Land Matrix，一個記錄跨國土地交易的檔案庫，詳細列舉國家與集團之間的買賣、跨國集團公司註冊的地方、所買土地的尺寸和位置、買地後的用途等，更重點分析非洲、南美、東南亞和東歐等地方的情況，並解釋今天在落後地方當農夫的困難。根據網站資料，二零二二年三月烏克蘭有多宗土地交易。在戰亂期間，有跨國集團相中當地一大片農地，用途是甚麼？當地農民往後會否受影響？一切是個謎。

烏克蘭自一九九二年開始暫停土地出售，以免農地被少數人控制，但禁令到二零二零年三月三十一日已經廢掉，財團自然不會放過這個歐洲糧倉，「新圈地運動」在各地暗自進行中。

九十年前的烏克蘭農民受政策所害，飢餓致死；九十年後的今日，人類到底有沒有進步過？如果你有機會上天堂，跟上帝同枱吃一次免費午餐，或者可以發問：「清新的空氣，乾淨的水源和土地，都是神的財產嗎？為甚麼我們要付出高昂的代價，才能享受得到？」

鹽的辛酸

偶爾會從舊地圖中見回「官塘」兩個字，如今的小巴仍沿用這個舊地名，不少人都記得觀塘的歷史，在宋朝期間是有名的鹽場。南宋時，香港的九龍東和大嶼山都是產鹽重鎮，由朝廷管理，稱為官富場，控制鹽的出產，由觀塘伸延到九龍城一帶，過去是廣東十三大鹽場之一。鹽來自海水，蒸發曬乾後成為鹽巴，如此天然的調味，卻由朝廷或官府控制，成為稅收，聽起來荒謬，卻不只在宋朝，廣見於世界各地。

關於鹽的抗爭，世上最有名的一次社會運動必定是甘地的「鹽長征」。一九三零年，英國政府將印度的鹽稅增加一倍，不准人民私下製鹽，控制食鹽的生產和銷售，貧苦的印度人本來生活已困難重重，加稅的日子更是難過。甘地決定用行動對抗無理政府，發起了「鹽長征」，徒步走了近四百公里路，由三月中出發，走到四月，一直宣揚大眾自製食鹽以抗暴政，途上得到人民的支持。當甘地完成長征到達海邊，一手抓起一把鹽，人民恍如得到救贖。

政府的鐵腕政策沒軟下來，數以千計人士因效法甘地私下製鹽而被捕，甘地自然身在監牢中，但整個社會運動像埋下種子，在民間不斷生長，不停有人加入，拒交稅收，同時被捕，其後有數萬人入獄。一九三一年英國政府終肯讓步，廢除惡法，並減免鹽稅，平息民怨。這次由鹽稅引發的社會運動，見證了用和平方法作抗爭的效用，後來的事情大家都知道，甘地帶領的不合作運動最後成功為印度人民爭取到獨立。

不肯定人們當日在海邊用手抓起一巴鹽細嚐後，有何感覺，這些由海水天然曬成的鹽巴像結晶體，味道豐富有層次，跟加工幼鹽是兩碼子的事，更何況這口鹹味得來不易，還牽連人間盼望，味道大概會讓人一世記得。

今天我們不用以鹽作稅，亦不必為鹽而煩惱，但有一段時間工業化製鹽大行其道，口腹失了鹽的精細味道，後來大家開始重新重視鹽的質素，岩鹽、高山湖鹽都帶給我們豐富的食味層次，用來製作美食更令平淡生活添上丁點驚喜。

食鹽在世界各地的飲食文化一向都扮演重要角色，它是防腐的最佳佐料，如魔法一樣把食物封存，鹽漬火腿、鮮魚、泡菜，幾乎見於世上各地，用鹽去脫水，甚至改變食物特質，更提煉出豐富的發酵文化。在不同宗教，鹽更有神聖象徵，人要「作鹽作光」[1]更是非常崇高的目標。

當然，我們不能忘記水能載舟亦能覆舟的老話，食鹽既令人的生活不一樣，它同時可破壞一切。鹽能保存一些東西，同時會腐蝕另一些物質。古人會加一點鹽使土地肥沃，但放太多的鹽卻會令土地寸草不生。一如調味，多多少少最難拿捏，就只差一點點，咫尺間，卻可成為天涯。

1 《聖經》中耶穌曾教導信徒天國百姓應有的內涵：「你們是世上的鹽，鹽若失了味，怎能叫它再鹹呢？以後無用，不過丟在外面，被人踐踏了。你們是世上的光，城造在山上是不能隱藏的。」（馬太福音 5：13，14）

航海食誌

今日的生活實在方便，開水喉已有乾淨的食水，雪櫃隨時可找來沙律菜和雞蛋，基本上起床便可隨手煮一頓豐盛早餐；要弄一杯咖啡，既可由機器代勞，又可自己磨豆燒水手沖。現代人有很多廚具作小助手，一切得來容易，我們反而幻想不到古代人在沒工具幫忙下，如何做出一餐可口飯菜。

在陸上還比較簡單，若果在海上呢？一次遠航要數月，如何保存食物？怎樣烹煮大餐？水手們又如何捱過漫長船程而味蕾不寂寞？每想到此，我便記起葡萄牙菜，這個菜系到今天仍有濃厚的「航海味道」。

從前葡萄牙是海上強國，殖民地遍佈世界，往來的商船頻密，風頭一時無兩，但國勢強大的背後，是葡萄牙人漂泊的命運。葡國人自小隨商船四海為家，家人聚少離多，在茫茫大海上，船，滿載鄉愁。當然，航海的生活不易過，煮食工具不多，只能用最簡單的白焓，食材也不會新鮮，一般只吃醃製食物，直至葡萄牙人發現馬介休（Bacalhau，即鱈魚 Cod Fish）是一種神奇的魚類。這種產自北歐的鱈魚，用海鹽醃製風乾後，可長時間存放而不變壞。要吃時，只需以清水焓開，薄薄的魚塊，經水一煮，會變回厚厚的一塊白魚肉，很神奇。煮開後的魚肉即可食用，並可煮成不同菜式，非常方便，從此馬介休便成為船上的主要食材。

如果你到過葡萄牙，或者舊時偶爾到澳門遊玩，該見到餐廳內常有馬介休菜式，葡國人還自詡可將馬介休製作出三百六十五種不同款式，就算一年四季天天吃都不悶。最常見的餐前小吃是馬介休球（Pastéis de Bacalhau），製法是將撕碎了的馬介休肉混入薯蓉中，吃前將它一炸，外脆內軟，且帶鹹香，很是惹味。想豐富一點，則有白烚或燒原件馬介休，是最簡單直接的食法，可吃出馬介休肉獨特的質感。另一種是用馬介休、蜆肉、蝦、魷魚、番茄來煮成海鮮湯，再配米飯吃；馬介休像鹹魚一樣，用來調味，以鹹味吊出海鮮的鮮甜味

道。至於甚考工夫的，就是馬介休薯絲（Bacalhau à Brás），將馬介休切絲炒蛋，再混入炸過的薯絲來吃，這是船上水手常做的菜式，因為只需用雞蛋、薯仔和馬介休已可做成，三樣食材都能在船上找到，煮出來又好吃，帶馬介休魚肉鹹味的蛋汁滲滿脆卜卜的薯絲，口感味道同樣出色，自然受人愛戴。

既然在船上生活不易過，一大條風乾了的馬介休當然要物盡其用，葡萄牙人到今天仍然愛吃馬介休魚肝、魚嘴、魚面珠等，一般食客見到會覺得嚇人，但抱着開放胸襟試過後，會覺得滋味凸出，魚面珠尤其出色，在澳門的老店坤記餐室便有做此菜式：把一大個魚面珠蒸煮至剛熟，配薯仔和紅蘿蔔同吃，吃時淋上幾圈上佳的橄欖油，整個馬介休面珠都充滿膠質，骨骼之間滿是細滑魚肉，跟壓碎了的薯仔和橄欖油同吃，最是美味。當然，這些菜式今天得來容易，可想像當年在茫茫大海上，一口魚肉不知是何味道，今日連澳門的餐廳都少賣馬介休，大概隨葡國人的航海歷史，一同湮沒在過去的時光裏。

櫻桃酒不是普通餐酒

現在去葡萄牙或澳門，大家都愛買罐頭作手信，葡萄牙人出產的罐頭高質，沙甸魚、八爪魚、蜆肉，都是佐酒好物，以橄欖油浸泡，打開即送來一陣南歐風味。

鹽漬和油浸向來是保存食物的好方法，特別是航海帝國葡萄牙，冒險家在船上一去數個月，在大海上得靠這些食物過活。食材能以各種方法延長保鮮期，但烹煮方式呢？海上煮食大概不是一件容易事。我想起葡萄牙人的一道名菜，葡式大白烚（Cozido à Portuguesa），Cozido 是白烚的意思，在澳門的華人又稱它為葡式雜燴或葡式佛跳牆，顧名思義，是集合了多種食材的白烚菜式。

今天的葡萄牙人在特別日子還會吃這道名菜，回想當初，葡式大白烚是航海時代最簡單直接的煮食方法，把各種食材以水煮成一鍋，甚至有說在物資短缺時，水手會直接用海水煮大白烚，認真誇張。不要以為這種白烚方式粗野難吃，我在里斯本便吃過做得非常出色的，廚師會弄幾個大鍋，肉類、蔬菜、豆類、香腸各自一鍋分開煮，每鍋的湯汁都有不同味道，蔬菜蘿蔔味清新，就放老雞熬湯吊出鮮甜味；排骨和牛腰等就用海鹽放湯令肉味更豐富；香腸味道層出不窮，就用清湯減省。

煮好的葡式大白烚上桌，完全不重賣相，但味道的確好，豬耳、排骨、豬頭肉、牛腰，還有各種葡式香腸，雖是白烚，卻每樣都有獨特口感和味道，不過最好吃的還是蔬菜和豆類：椰菜和蘿蔔吸收了湯汁精華，像吃關東煮；豆類則非常多變，據說是為水手提供足夠的蛋白質，在漫長航程中極為重要。

沒錯，在叫天不應的海上，生病了到底怎樣處理？航海家又靠甚麼養生，以維持一航船程呢？答案是櫻桃酒（Ginjinha）。如果你到過葡萄牙首都里斯本，一定要去櫻桃酒小酒吧，里斯本獨有，店子小小，只能站上三四個人，獨沽一味賣櫻桃酒。點一杯櫻桃酒，老闆會從凍櫃拿出一隻近乎結冰的小玻璃杯出來，然後慢慢倒出櫻桃酒，一顆顆的櫻桃清楚易見，呷一口，甜滑中，帶點順喉，像白蘭地，但更有果香，喝後，喉嚨舒服。當地人喜歡櫻桃酒，並不單是為了那口香醇。櫻桃酒不是普通餐酒。

話說以前葡萄牙人出海工作，最怕遇上生病的日子，天高海闊，哪有醫生？之後不知哪人發現，原來用櫻桃浸酒可增強抵抗力，水手在船上喝後，病痛真的少了。他們認為這種櫻桃酒對身體有益，於是每次出海，都會帶着一瓶，成為遠航的守護神。

到現在，就算醫生多了，藥物普及了，葡萄牙人還是喜歡喝櫻桃酒，喝的時候，都像從前水手一樣豪邁。酒吧內，常見酒客一口氣乾盡一杯。近年櫻桃酒添了些花款，好些人會用來配朱古力，甚至用朱古力製成一隻小杯，來盛載櫻桃酒，意念多多，大概想人記得這款很平民的酒品和那個充滿冒險精神的世代。

海洋的末日

有次從記錄片中看到非洲塞內加爾的漁民，划着簡陋的小船在大海中求救，這個平常畫面背後原來是一個社會問題：財團控制了捕魚業，濫捕後海洋生態受損；世代靠捕魚維生的塞內加爾漁民，工具和裝備落後，卻不知自己家鄉對開海面已今非昔比，他們見近岸漁獲減少，便向外遠航，以為可挽回收入，每天就一點一點的遠行，到身在茫茫大海，始發現船的設備根本不足應付，一遇風暴，全船意外慘死；幸運的話，一家人在大海浮沉，就等人來救援。

這當然是一個悲劇，它令我想起世上很多漁民，包括香港土生土長的，都面對同樣問題。本來可維持生計的近岸作業，靠小船便可捕魚，再送到市場賣，但連漁民都不知為甚麼有天照常出海，海上卻再找不到一尾魚？以為是自己運氣不佳，連續三天、一個月、三個月，仍然沒漁獲。一切看上去跟平時一模一樣，人的貪婪卻早已填滿整個海洋。往後的事情大家都知道，漁村對開海面污染情況嚴重，再加上濫捕成風，漁村需要轉型，發展經濟，甚至要忘記過去，努力將來。

那為甚麼街市上還可找到鮮魚呢？是因為漁民把過去的收入投資到新設備上，去更遠的地方捕魚，但這個做法根本是把問題延後或向外伸延，沒有對正漁獲減少的核心情況。大海沒有閉路電視，也不能二十四時間長期有糾察監督，非法漁船在世界各地偷天換日過度捕魚，海洋沒足夠時間休養生息，世代供養我們的漁獲，可以突然插水式下降。一種魚的滅絕，代表整個生態受損，失去的不只是一個物種，是一整片海洋，那是自然界對人類最大的反噬。

加上有些落後國家官商勾結，貪污腐化，任由捕魚集團濫捕。畢竟海鮮是一門龐大生意，商人集團不會放棄從中取利的機會。可憐世代當漁民的本地人，他們祖業受損，家族對開海域漁獲減少，失業後不知如何是好，唯一的出路是加入大財團的捕魚船，這當然產生出另一些問題：在菲律賓便有漁民被捉到非法漁船上當黑工，船上剝削情況嚴重，漁民日以繼夜長時間當苦力，三餐不繼；在缺乏休息的情況下，過勞而死的大有人在，在岸上的家人更不知那天出海當漁民的親人，原來已葬身大海。時報出版的《移民漁工血淚記》，便記錄了這段令人髮指的事件。

很多年前，在港英政府年代，廉政公署曾拍過一輯廣告，宴會中一群食客穿得華貴，海鮮上桌後，侍應切開魚鮮，肚內不斷流出嘔心的污染物。廣告告訴我們貪污到底有多可怕；海洋的末日，同樣是展現人類貪婪的無聲例證。

香味的消失

得了新冠肺炎後，好些人失去味覺，平時生活五味紛陳，一時間淡如清水，未必人人受得了這份蒼白。病會好，味覺可恢復，但我們好像忘記了某些觸感，那是嗅覺和食物香氣的交流。

香味是一種很奇特的東西。視覺顏色幾乎是絕對，藍色的，大部分人都會見到藍色，中間的偏差很小。香味卻非常抽象，你嗅到一陣甜膩，我卻覺得帶油香；你認為這是蘋果的醋酸味，我則以為是啤梨，當中的分野可以很大。

嗅覺本來是辨別食物好壞的一個「指標」，當一件食物變壞，除了視覺外，最早識別到它是好是壞，該是嗅覺，基本上食物未放入口，嗅覺已可告訴你這食物的狀況，它甚至比視覺更精細——在外觀還未發霉前，嗅覺已率先替你作防護。

偏偏現代人飲食不重香味。我們熱愛大牌檔的風味，本來是喜歡它那個運作模式——燒熱大鐵鑊即時炒出香噴噴的菜式，廚師炒好後不到二十秒便送到客人面前，冒起煙來帶着美食香氣，把中菜非常抽象的「鑊氣」具體地表現出來。

可惜今天我們與廚房的距離愈來愈遠，連鎖拉麵店的製作全部在中央工場，一包包下了化學物的湯包只需在店裏加熱即可侍客，卻完全流失了香味。大牌檔和流動小販都因牌照問題，罕見於香港，連帶街頭小吃和日常小炒都失了蹤影。高雅中菜廳的大師傅還能炒出香味滿分的菜式，但好些改成逐位上的中菜餐單，卻失去了食物本來的香氣和溫度。

幸好有幾個行業把嗅覺看成科學，落力研究。近年但凡研究茶、酒、咖啡、朱古力、麵包、甜品的，都重視香味。他們用上非常細緻的分析力和想像力，將食物的香味有系統地整理出來。我訪問過一位得獎咖啡師，他曾得到香港區杯測冠軍，有很敏銳的味蕾和感官。他說自己的能力不是天分，人人的嗅覺敏感度相差無幾，只要靠日常訓練一樣可成才。像咖啡杯測筆記中的玫塊花香、橘子皮香、爛葡萄的味道等，他會天天找真實的花和水果去嗅，一項一項有系統地每天嗅着，並記生字似的，逐一「輸入」腦中，到試咖啡時，便可從記憶的味覺詞彙中找出相關字詞，用最適當的香味去形容表達。這是非常科學的方式，無關天賦，是後天努力的成果，也是對嗅覺的極致追求。

新冠肺炎康復後，因為有人曾經短暫失去味覺，大家開始發現嗅覺的重要，沒錯，飲食世界應該重視色香味，缺一不可，香味和視覺是我們對食物的最先印象，在未送入口前，已刺激感官，所產生的歡愉程度，有時不遜於口腹之慾。

在墨西哥遇見合桃酥

食物是一樣很奇妙的東西，它沒走進博物館，卻像一件「活着」的文物，超越時空，記錄了某個朝代的事。我經常舉一個例子，今日隨便可在街上買來的薩其馬（馬仔），發展自清朝，當時慈禧太后極愛它，成為宮廷小吃，並流行於民間，傳到香港，一直保存到今日。如今一般人無緣接觸清朝家具、住在皇宮，卻可在街頭買到慈禧愛吃的甜點。只要多點想像力，一下子就可幻想出那個古老的年代。

由於人類會不斷流徙，食物會隨着人而轉化，它很多時會穿越不同地域，再因地理環境而轉變。正如我們從京都的茶道文化中，可窺見唐朝人的生活習慣。它更像是一組方程式，只要能拆解當中的關鍵密碼，就能看出一條脈絡。

我在遙遠的墨西哥城，便遇過一件非常有趣的事——關於飲食和移民的事。記得那年到達後的第一天，夜闌人靜，食店都關門了，幸好，在市中心舊城區中找到一家二十四小時營業的餐廳。餐廳名為 Café El Popular，像香港的茶餐廳格局，簡單隨意，侍應和客人打成一片，客人會幫手傳菜，侍應會坐着跟客人聊天，無分彼此，不拘小節，典型的拉丁風情。身邊都是墨西哥人，見我是亞洲面孔，特別好奇，主動跟我說了幾句話，不懂西班牙語，惟有不停點頭微笑。

隨便吃了些地道的墨西哥菜，有名的粟米湯（Pozolillo Verde）、粟米汁（Atole），還有無數的粟米餅，用來包豬肉、豬皮或鹿筋，還可加忌廉和芝士來吃。炆煮菜式更加出色，加了雜豆辣椒炆的豬肉極香，蘿蔔炆羊肉亦嫩滑入味。最後喝了杯果汁作結，這裏水果多，不值錢，幾塊錢就有一杯，用石榴、橙、仙人掌果榨汁，同樣美味。

臨走時，只是奇怪，餐廳門口位放了一座關公像，而餅櫃中，竟有幾件合桃酥。後來從一位懂得英語的熟客口中得知，這家餐廳的老闆是華人，他的祖父輩是廣東人，當年隨船遠航到三藩市修路採礦，輾轉落戶墨西哥城尋找工作機會。之後他儲了點錢，一九四五年，開了這家餐廳，賣最平民的墨西哥菜。起初生意不好，便加開二十四小時，年中無休，並增加菜式種類，終於做出名堂，成為當地人的飯堂，一直至今。

至於那件合桃酥，是他祖父當年堅持製作的，從廣東去到美國，再到墨西哥，捱過了很多艱難的時間，最希望吃到的，便是這口味道。今天，這餐廳的第三代老闆，樣貌跟墨西哥人一模一樣，由口味到習慣都跟華人無關。唯有那件合桃酥，記錄了他家族的一點往事。食物真是一樣很奇異的東西，它有時會超越味道，儲存了隔世的回憶，將風馬牛不相及的事情，定格於我們的面前。

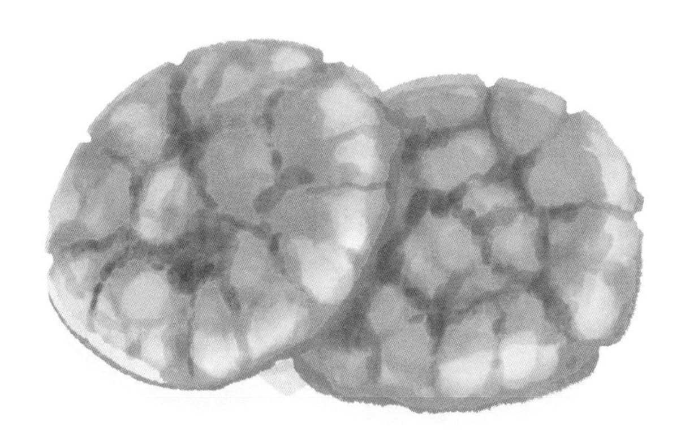

第三章 吃的迷思

食譜有價？

到訪過太古坊新開的 KIN Food Halls，想不到一個美食廣場竟然有很多實驗性概念。廚房佔了一半空間、食材全部可追溯來源、能夠用程式預訂二十四小時後取的食物……菜式質素更出奇地好，細問之下方發覺他們的食譜來自多家亞洲名店或名廚：曾得獎的 Honbo Deli 特別設計出壽喜燒漢堡、馬來西亞電視主持人楊佳賢製作了巴東牛肉、曼谷的 Easy! Buddy 交出了泰式牛肉炒糯米飯、Nero Kitchen 負責做葱油手撕雞飯。各家名店都似毫無保留施展渾身解數，但如何叫這些名店名廚乖乖地交出食譜？答案是分賬。

由於提供食譜的廚師都有分賬，名廚們都特別為美食廣場創出新味道，變相鼓勵了創作。KIN Food Halls 的創辦人 Matt 解釋，場內出售的菜式，收入中的五個百分比會分賬給相關廚師作為食譜的版權費，食物在場內愈受歡迎，代表廚師的佣金會愈豐厚！即是食譜有價。這引申出另一個問題：食譜真的需要用錢買嗎？

網絡世界發達，資訊流通快速，我們只需打開電腦，已可看到各地名店的菜式。要了解做法，隨便打些關鍵字就可找到。食譜資料便捷地流通，好處是各地文化交流更深更快更廣，壞處是抄襲成風，版權不清。試想想這十年，你見過幾多間高級餐廳做「立鱗燒」？而大部分人都不知道，第一個設計出「立鱗燒」的，到底是哪位廚師。陳榮在五十年代著有《入廚三十年》，詳細記錄很多粵菜的製作方式，是今天研究中菜的必讀經典，你甚至可從中了解到當時香港出現的食材，更似一本地方誌。食譜本來應該是有價值的，特別是古老的食譜，它記錄了某時某地的一個概況，用飲食折射出當時社會的生活特徵。二戰時，英國政府特別出版了食譜 *Potato Pete's Recipe Book*，創造了卡通人物薯仔皮特（Potato Pete），推動人民以蔬菜為主要食糧，目的是善用食物配給，供應足夠糧食和肉食給前線的軍人，其中英國經典的牧羊人批，便改成為薯仔雜菜批，以減少肉類的使用。

曾經在法國上流社會當廚師的 Alexis Soyer，眼見當時歐洲貧富人家的廚房差距太大，便在一八五四年出版了 *Shilling Cookery for the People* 食譜，教大家不用昂貴的廚房設備和高級食材，就能做出好菜式。他大讚當年沒人重視的牛尾，其營養成分高，用它和各式香料炆煮，就能做出一鍋鍋好菜。如今，炆牛尾已成為不少歐洲和美洲家庭的日常菜式，證明當年的先驅，影響深遠。

好的食譜是有創意，講究細節，背後更可有一套意識無聲地宣揚。它透過日常習慣，改變我們的觀念，甚至影響未來。當世界變得面目全非，食譜更可以是我們追查舊時代生活的美好線索。有人說，在禁聲的年代，唯有談飲食最是安全。社會變異，野獸橫行，有朝一日，或者可以從食譜中，回看今天的我們。

你相信網上學藝的廚師嗎？

「我從沒去過日本，只是上網看 YouTube 影片學做日式串燒，由劏雞到煮汁都在網上學。」第一次聽到有外國廚師這樣說，我覺得匪夷所思。過去我們都有一套固有思維，相信要親身到訪某個國家學藝，才能了解人家做事的特性，繼而學懂一套料理系統。正如進入一家日本菜館，若見到有日本師傅坐鎮，總會根深蒂固地認為，這家餐廳食物的口味比較正宗。因為我們都相信，只有土生土長，或長時間生活於當地，方可認識一個地方的飲食文化。

事實真的如此嗎？特別是資訊爆炸的今日，我們足不出戶，已接收到世界的新消息。只要在網上追蹤國際名廚，他便如我的朋友一樣，隨時在身邊。他今天在餐廳吃的午餐、新研製的菜式，通通變得近在咫尺。要了解他的創作思維和意念，絕非難事。況且今天上載影片容易，上網已可找到各大名廚的食譜影片。想學煎牛扒，登入 YouTube，便可輕易找到 Jamie Oliver、Gordon Ramsay 等名廚的示範和製作貼士，只要有基本廚藝技巧，加以訓練和學習，要掌握一套模式，其實並不困難，正如很多學府已改用網上授課一樣。

不過我對這套學習模式仍然存疑，始終以「隔山打牛」的方式獲得資訊，容易空有外表而忽略了廚藝中的靈魂，若果起首已捉錯用神，從中再轉化出來的技巧，很大機會出現誤差。一如早年 NOMA 爆紅，全世界無數廚師突然以「採集料理」掛帥，餐廳菜式擺盤非常簡潔，食材配搭都強調與自然環境相關，但試過數間，味道強差人意，你會覺得他們的餐廳空洞，概念放得很大而技巧非常脆弱。訪問過他們的主廚，發現很多都只是從網上收集資訊，最多到丹麥考察過數天，並沒在當地工作過。

我認識一位年輕的俄羅斯廚師，他在莫斯科有自己的 Fine Dining 餐廳，三年前我們在北歐相遇，他說最近在網上研究中菜，因為俄羅斯興起了吃中餐的潮流。他用一片鱸魚柳，加豉油、大葱、香草和 MSG（味精！）同蒸，當地食客讚嘆不已，覺得味道非常好，更成為餐廳的招牌菜。我不敢以一竹篙打一船人，但以這位俄羅斯廚師的做法，要他了解中餐蒸魚的精髓，由魚販的處理、火喉的控制、佐料味道的配搭，到上桌時間的計算……相信他還需要一點時間去消化和學習。

這令我想起世人對京都飲食的誤解。京都給人一個印象，是禪味和簡約，大家總認為京都人口味清淡，味蕾細緻；而全日本近年都興起「京都風拉麵」，以清淡湯底作招徠。這聽起來理所當然，但如果你在京都生活過，就知道當地人不會天天吃懷石料理，他們日常的口味頗為濃重，原因是市內一直多工匠，織品、染色、金工、木工……全部是體力勞動工作，他們需要鹽分重的調味，以滿足食慾和飽足感。這是固有印象與真實生活之間的分歧，絕對會誤導我們的判斷，甚至影響我們學習烹飪的方向。網上資訊方便擷取，但它不是王道，真實接觸還是不能取代的寶貴經驗。

香港還可有百年老店嗎？

我們都知中國是四大文明古國，歷史長如滔滔江水，國力強大，不說太遠，單是康熙乾隆盛世，商業活動之繁盛已夠誇張。我年少時曾捧着史書，帶着一份期望，走訪大陸的百年老店，逐一光顧：天津「狗不理」包子、廣州的「太平館」和「蓮香樓」……然後，我發覺這些老店，除了裝修像電視台廠景，店員態度更特別散漫，食物質素當然與我認知的差天共地。那是九十年代，中國正面對改革開放，而我回來香港始發現，這些老店原來在一九四九年已收歸國有，成為國營企業，也某程度解釋了店員態度散漫的原因，一如香港人從前常說的「做又三十六，唔做又三十六」。

國有化真是殺死老店的元兇嗎？相比之下，留在香港的老店好像形神俱妙。像太平館，一八六零年由廣州人徐老高於廣州大平沙開設，為中國第一間華人經營的西餐館，用豉油汁烹調豬扒牛扒、燒乳鴿、煙鱠魚等，以滿清官員、洋行買辦為對象。到一九三八年，日軍轟炸廣州，太平館第三代話事人徐漢初，帶同廚師南來香港，於上環三角碼頭東山酒店內租下十多張枱，開設香港太平館，廣州太平館則交由經理打理。後來中華人民共和國成立後，廣州太平館在共產黨公私合營的政策下，全面被接管；香港太平館卻得以保留下來，在港站

穩陣腳，也把從前的燒乳鴿、牛尾湯、瑞士雞翼等豉油西餐，定格於香港。

如果你有興趣翻查，便會發現香港很多老食店和相關行業的背景一致，都是因大陸的政局不穩，老闆決定到港謀生。一如李碧華在《630電車之旅》中所寫，香港是「一把保護傘，一扇透氣窗，很多很多的自由、民主和機會……詭異地避卻一切天災、人禍、內戰、混亂……」人因避禍而來，卻以分秒年月的生活安定下來。

只是這把保護傘並非永恆，過去二十多年，香港失去了幾多價值？從前，我們常拿大陸蓮香樓和香港蓮香樓作比較，事到如今，同樣有很多老一輩說，結業前的蓮香樓食物和茶水都今非昔比，比不上數十年前的日子。理由是甚麼？相信大家都可輕易列出大串原因：租金矜貴、食材不濟、廚師青黃不接、技藝不能流傳……能夠令一家店老去，代表那個地方有適合店家的土壤，過去慶幸香港能避過不少天災人禍，一個極小的地方，卻雲集了不少有想法的人。如今要走的都去了，流失的早已遠逝，在下個十年，我們可以創造出新價值，還是連舊有的文化都保留不了呢？

爲何回憶中的酒樓早已不在了？

朋友在香港一家老牌酒店工作，他告訴我有位美國來的老遊客，每年暑假都會入住酒店兩個月，已經幾十年了。老伯伯的行程不緊密，每天幾乎只坐在酒店大堂酒吧，望着維多利亞港嚐一點小吃，喝兩杯海明威最愛的 Mojito，獨個兒坐一個下午，然後無聲地回到房間。

敵不過好奇心，朋友上前搭訕，老伯伯才說起自己的來歷。那年他隨海軍到香港，上岸後愛上這地方，當香港是第二個家，往後每年都回來，既是緬懷從前，也在儲存新的記憶。坐在酒吧，「總覺得自己活得還不錯吧」。其實這家酒店的裝修環境有點不合時宜，老伯伯卻覺得身在這兒，心就踏實。即使維港變了，仍有這家老牌酒店，年月不變的裝修環境和食物，活在時間以外的酒吧，讓一位遠洋而來的老人，想起從前的某些時日，覺得今天和昨日一樣美好，日子從來沒有變過。

原來餐廳或者吃喝場所除了滿足人的口腹之外，還有一個隱藏功能——它是我們的日記簿，把年輕的你我烙印在某種食物，或者某個環境中，然後若干年後，當我們再回到這個熟悉的地方，嚐一口似曾相識的味道，毋須時光機，就可把從前的東西重新投影出來。

老伯伯是幸運的，他還找到一個地方有自己年輕的影子。我想起不少父母輩中人，總愛說當年結婚擺宴會的酒樓在彌敦道，如今酒樓都結業了，十多年前自由行興起，那地方變成了金鋪，一直至今。餐飲業從來沒有明天，不斷變遷是香港飲食界的常態，一個滿載愛情回憶的地方，最後會成為金鋪，在國際金融中心出現，其實理所當然，同時又帶點諷刺。

經過一輪疫情，香港有很多地標消失，個人的回憶在巨輪下，微不足道。這五年大家甚少提起「地產霸權」，彷彿這個問題已經不存在，或老早消化了。還是因為我們有更多更重要的價值要守護，已變得無暇分神？可是高地價這頭惡獸仍然沒完沒了，甚至變本加厲——據說因為疫情，很多個體戶餐廳要結業，同時間卻有集團看中時機，大手購入舖位重建。將來我們要吃甚麼喝甚麼、到哪裏憑弔，似乎都有一隻無形之手在暗中操控。

蘿蔔只吃芯，蒸魚只取腩？

南豐紗廠的「織刻生活店」辦了一場頗有意思的飲食「旅程」，找來食物設計創作團隊深食（DEEP FOOD）、舞蹈形體藝術團TS Crew及主張採用本地食材的餐廳ROOOT，創作了三場〈它的神話——植物宴〉，透過神話故事，用餐飲體驗結合當代形體藝術，讓參加者在進食和感受形體動作中，反思食物的價值。

整個表演與體驗活動，提出了頗多問題，包括我們今天的食物出處在哪？烹調的背後到底有沒有造成過多浪費？社會有沒有賦予一套標準給每種食材？其中一個問題值得深思：就是識食，或吃得講究，是否等如浪費？答案好像很明顯，識食之士大部分都認真講究，追求最鮮嫩的食材，製作方法要多變而刁鑽，配搭要新鮮又有創意。

一根蘿蔔，眾所周知，最好吃的部分是蘿蔔芯，刨走表皮只留蘿蔔芯，簡單用湯煮已清甜無渣。一棵菜心，中間菜遠位置最脍最甜，摘走頭尾只吃中心，彷彿就是識食的代名詞。這樣的例子還可一直舉下去，近十年，有些國家忽然富起來，暴發者要靠飲食排場，告訴他人自己的文化有多深厚，於是你可見證有些人為了吃得好，造成極大浪費。一尾金邊方利魚蒸好上桌，所謂識食之士就只吃裙邊位，因那位置魚油十足，接着吃表面蒸得最嫩滑的魚肉，近碟底的部分由於最受火，魚肉變得粗糙，有暴發戶真的會棄掉半條。

情況就如蒸一尾魚只吃魚腩和魚面珠，其它棄之。吃大閘蟹只啜其膏，漠視蟹肉。這不是真正的識食，只是窮奢極侈的表現，且令世人有一個假象，認為識食就必須浪費，他們把慾望無限伸延，食慾失控，令人忘記季節，懶理時令，亦不懂得珍惜每種食材。子薑每年在農曆五至六月當造，那時候收成的，細嫩無渣，毋須怎樣處理，全條皆可食用。如果我們能不時不食，只在這月分品嚐子薑，便不用製造無謂的浪費。只是從古到今人類有了權力，都愛放縱慾望，所以從前已有權貴要將荔枝冷藏半年，只為在冬天吃到一口甜膩。

我曾經遇過一位日本廚師，他喜歡用四款薯仔做薯蓉，四款薯仔都不完美，各有缺陷，但對他來說，四款都有其所長，有些夠香，有些帶滑，集合起來一盤薯蓉便有齊薯仔香味和細滑口感。剛才說過的金邊方利魚，若把魚的底部起肉炒球，其餘部分清蒸，便可同時嚐到邊位的油香、面層魚肉剛剛熟的嫩滑、炒球的嚼勁，一尾魚有多種食法，多重享受，這種廚藝和想法既不浪費，也了解食材的特性，或許才是真正識食的態度。

千里送食材不如身邊好味道？

炎夏日子，是荔枝收成之時。看古人著作，常讀到歌詠荔枝的佳句。明朝徐𤊹的「消如降雪，甘若醍醐，沁心入脾，蠲渴補髓，啖可至數百顆。」用詞真是優美。蘇東坡也夠誇張——「日啖荔枝三百顆，不辭長作嶺南人。」難怪古代常有帝王貴妃，為吃荔枝，不惜工本，要人日夜趕路，從南方送一口清甜上京城，滿足個人的口腹之慾。

福建、廣東、四川是盛產荔枝之地，偏偏京師多在北方，像楊貴妃要吃荔枝，唐明皇即叫人從四川上貢，由驛站快馬傳送，一站接一站，將荔枝運到長安。那時沒急凍技術，荔枝如何捱得過長途而能保鮮呢？據說有幾個方法，其一是用「紅鹽之法」，即以鹽梅醬染大紅花水，作為紅漿浸漬荔枝，浸後曝曬成乾，保存期可達一年，但壞處是荔枝帶酸味。其二是將竹葉包裹荔枝，再塞進竹筒內。傳言這做法，竹葉可驅走空氣，而竹筒可保滋潤，令荔枝歷經數天仍能維持嬌嫩。但無論用哪種方法，專家相信楊貴妃未能吃到好荔枝，所食的只是「腐爛之餘」，只因荔枝從樹摘下，不到數天已失去原來的味道。

楊貴妃不知是否讀得太多文人雅士的詩詞歌賦，文人感情豐富，有時行文有點失實，還是味覺回憶太過深刻，從而生起食慾，不理性地誓要吃到這口南方之味。情況一如我們看網上食評後，從文字和圖片中引起慾望，不惜排長龍都要吃那口充滿想像的味道。

這種對遙遠食物的無限幻想，不知不覺影響一條食物供應鏈。以往我們需要飛日本才可吃到新鮮刺身；親身到過西班牙，才知道大西洋的紅蝦和鰻魚苗是怎樣的味道。如今你只需到樓下超級市場，便可買齊世界各地的食材，而本地食材卻少之又少，背後是一個由慾望織成的龐大運輸網，伸延到世界每一角落，影響我們飲食的日常。

我總覺得這種慾望不會完結，甚至影響物種的數量。香港是一個奇怪的地方，不種不收，但卻被譽為美食之都。過去我們真有引以為傲的食材，元朗有絲苗米、塔門出產鮑魚、流浮山有蠔場，蒲台島養紫菜、九龍聞名吊片，這些食材如今我們都可輕易在街市買到，但全部都不產自香港了。這是方便，亦滿足到我們的慾望，但同時，由慾望產生的一條食物供應鏈，所過之處，寸草不生。

而它更令我們忘記吃本地食材的滋味，坐這山，望那山，忽略了身邊很多好味道。以往我們只吃本土產的食物，只是偶爾旅行，跳出框框，嚐一點新奇的東西，只是淺嚐，卻記憶猶新，不遜於今天繁華又多選擇的世界。

當然時光不再倒流，世界不會變得單純，歷史也不能重來，但如果可以回到唐代，我還是會告誡楊貴妃，不要勞民傷財，千里迢迢要人送荔枝到長安，這樣的荔枝不會好吃。我會邀請她親身來嶺南之地，在露珠初結，日出未到前摘下，這時的荔枝最是甜美。那口甜美，好好記住，嚐過就可以了。

餐桌上看城市的未來？

好些朋友去旅行，到偏遠的山區嚐農家菜式，回來後總是念念不忘，說那兒的走地雞如何鮮甜、剛採摘的菜蔬清鮮好吃，跟平時在街市買到的是兩碼子的事。

每次聽到如此論述，我都覺得尷尬，香港經常被世人推崇為美食之都，但這座城不種不收，海岸線早變成填海路線，北區的農地幾乎倒滿了石屎，過去養豬、養蠔、養雞的原始產業只能在圖書館中找回照片，甚至做腐竹、釀醬油、製蝦膏等飲食相關的製造業，都幾近絕跡。

既然沒有好食材，也沒有自家生產的配料，為甚麼大家都認為香港是美食之都呢？這當然關乎廚師的質素與創意、餐飲經營者的管理手法，但其中一點不能忽視，那是運輸物流的重要性。

過去，香港是一個非常開放的港口城市，既是物流中轉站，也是世界運輸的中心點，管制不大，不少食材都可輕易進入香港。很多人都說，日本以外，全球最高質的日本餐廳就在香港，以往一星期有五日飛機貨空運日本食材，今天更幾乎天天到貨。看水果的產地，便知我們進口食材的誇張程度，澳洲塔斯曼尼亞的車厘子、日本北海道夕張蜜瓜、泰國的金水仙芒、厄瓜多爾的麒麟果……從前我們已可吃到法國、意大利、西班牙來的無花果，如今你走一轉超市，會發覺連以色列、土耳其、阿根廷出產的都可輕易找到。

運輸的便捷令香港容易找到外國入口食材，食材的多變亦可令食客和廚師有新的思維和開闊的眼界，勇於嘗試新事物的結果，是香港人的口味廣闊，能接納各種味道和外來飲食文化。你看世界各種菜系來到香港，都不見排斥，我們在這座城可找到中法日意各式餐廳，韓國、澳洲、西班牙、印度菜館開到成行成市，冷門一點的烏克蘭菜、黎巴嫩菜、斯里蘭卡菜、尼泊爾菜一樣找到生存空間。

開放的港口和運輸發達是孕育美食之都的良好土壤，但重要的是文明、開放、自由，如果一座城市與世界為敵，嚴格管制出入口，以政治手段排斥外來文化，連帶國民的視野都會變得狹窄。綜觀全球各地，紐約是多元文化的大熔爐，連飲食世界都多姿多彩。新奧爾良過去是一個開放的港口，歐洲移民眾多，再結合非洲來的和美國南方的飲食文化，整個餐飲系統自成一格。在墨爾本，你可找到非常出色的希臘菜、意大利菜、黎巴嫩菜和粵菜，也同樣跟過去移民融入當地相關。

這些地方都有胸襟容納世界美食，令一座城市變得更具玩味，填補了食材沒有自種自收的缺點。香港本來有潛質成為美食之都，政策會決定這座城的未來，飲食從來都跟社會、經濟、政治、地理、歷史相關，我們都逃不了，餐桌上的食物會告訴我們，一座城市到底還有沒有將來。

築地市場的壽司特別新鮮？

世人都容易被一個假象影響思維，在近海的地方，海鮮一定好，見到魚缸內的游水海鮮，會幻想這尾魚昨天還在海上暢泳。在郊外士多吃碗豆腐花，總認為它是用山中泉水煮出來，甚至誇張地聯想到黃豆都來自附近農田，是那位有心人，朝早辛勤地磨豆煮漿，用山間水源製出細滑的豆腐花，那份清甜，難道就是人們所講的山水甜香？

當你認真追查食物來源，或者明白世界運輸的發達，就知道這些食材其實來自老遠的地方，不該有過分浪漫的聯想。你去鯉魚門吃一頓海鮮大餐，有興趣追尋的話，會發覺東星斑來自印尼和馬來西亞、北寄貝是大連出產、泥蟹來自菲律賓、花錦鱔從新西蘭活捉回來，幾乎沒一樣產自香港。一頓盛宴，跟附近海域完全無關。

日本其中一個地方，充斥着世人的幻想，那是築地市場。當人們愛上日本刺身的鮮香，明白熟成壽司那點到即止的精準，大家都認定作為食材批發地的築地市場，一定是美食的聖城麥加，愛吃的必要去朝聖，更會聯想到在這個地方會嚐到最新鮮的味道。

於是去築地市場吃壽司成為遊客的指定行程。還記得多年前，場內市場尚未搬遷，美食愛好者會凌晨到場看吞拿魚拍賣，再在清晨六點左右，排隊吃壽司。大家都帶着一份幻想，將眼睛看到的吞拿魚拍賣和在場內吃到的刺身壽司扣上關係，並直覺相信「近廚得食」，有「東京人的廚房」之稱的築地市場，吃到的壽司一定完美。然後大眾對整個飲食體驗的評價好壞參半，有些帶着獵奇心態覺得好玩又好食，有些人則覺得不外如是，但大家都忽略了這些食材的來源。舉個例子，日本的吞拿魚主要來自三個地方，最平價的是印度洋的黃鰭吞拿魚，佔了市場一大比例的是來自大西洋，多在西班牙上岸，再送來日本；另外小部分的是產自日本海，由青森大間漁港運往築地。

在築地市場內吃到的吞拿魚壽司，中價的多是用大西洋出產的，這些吞拿魚飛了大半個地球，經過長途運輸始來到築地，跟新鮮兩個字已談不上關係。況且處理吞拿魚，很多壽司師傅都會用熟成手法，待魚油脂肪和肉質分解成最適合的質感，始用來宴客，所以你在場內壽司店吃到的壽司，其實在前陣子經已處理好，跟你當日見到的吞拿魚拍賣，亦完全無關。從此即可推論，「在築地市場吃到的刺身壽司特別新鮮」是一件沒理據的事，打破相類似的幻想，絕對有助我們客觀地評價食物，不受外在環境、地方背景歷史、網絡語言等影響觀感。

說到這裏，我還是要為築地市場說句公道話，十多年前，我得到當局批准，能親身入內採訪，認識了市場內的一些關鍵人物。不少批發商都跟我說，場內的壽司店，好些質素是不錯的，因為那兒是批發商宴請買手的地方，透過一場吃喝，讓買家了解批發商食材的質素。

日本預約店已不合時宜？

「華人與狗不得內進」有傳是流言，是真是假不得而知，但過去飲食世界經常出現歧視——歐洲有段日子禁止女士進入咖啡館，墨西哥城的龍舌蘭酒吧，亦曾禁女性和政治人物進場，讓男士們可盡情高談闊論。再數下去，餐廳只招待貴族名流並不是新奇事，在世界各地時有發生。

近年情況轉變了，各地組織團體致力打破這種歧視，讓吃喝變得更平等，無關你的身份和地位，只要你有足夠金錢，依足服裝規定和禮儀，基本上可進出世界上大部分的餐廳。我說「大部分」，因為世上還有一些地方，仍有頑固傳統，到今天依然沒變。

一直以來大家都愛到日本吃壽司、割烹、懷石料理、會席料理等，不時會出現一個問題——餐廳只招呼熟客，基本上生客或不諳日文的，百分百被拒於門外。就算你懂日語，亦要多番審查，最後發現你的口音不正宗，多數會取消你的訂座。好些餐廳更需要熟客介紹，始能獲得光顧機會，但最奇怪的是，人們好像欣然接受這種方式，並且甘之如飴，完全沒質疑這種訂位機制，或者透過社會運動，去抗議靜坐以表達不滿，並嘗試推翻這個不合理亦不合時宜的預訂方式。

大家甚至覺得這種訂位方法可隔絕外人，凸顯自己的與眾不同。當自己成為餐廳熟客後，更變成一件值得炫耀的事，「我跟某某是朋友，可幫你訂到某壽司店的座位，你都知道這家店不輕易接收外人。」由於世人都愛這種關係，繼而衍生出一系列的訂位網站生意，只要付上額外金錢，網站便可靠人脈網絡，替你完成任務，讓你吃到心儀又極難預訂的餐廳。

某些餐廳要提早準備時令食材，或在菜式上花工夫準備，預訂是必須，但日本餐廳不招待生客，又是怎樣的一個概念呢？研究京都飲食的柏井壽，在其著作《美食有這麼了不起嗎？》便有一章提到京都食店謝絕生客的原因。

柏井壽說到，這可追溯到京都的茶屋制度，客人來到，藝伎和舞伎以外，其他飲食費、交通費、買伴手禮等費用，都由茶屋代墊，最後以月結方式送賬單到公司或個人地址。這種月結方式除了建立信任關係外，也為免尷尬，讓客人可專心吃喝玩樂，避免煞風景的結賬情景，也不用擔心由誰付款還是各付各的奇怪情況。

這種傳統一直流傳下來，不少割烹店仍沿用此方式經營，把生客拒之門外。這算不算歧視？還是一種值得保存的傳統？我相信在資訊泛濫的今日，人們關係可在網上隨時建立，亦隨時消失，這模式會逐步被打破，因為關係變得可以快速地建立起來，同時間世上所有人都可以是你的朋友。

第四章　吃的隨筆

爸爸沒有教我吃魚頭

「你吃這個魚頭吧，你爸爸啜魚頭最厲害！」第一次有長輩邀我吃魚頭，是二十一歲那年，姐姐的結婚酒席上。面對眼前一個石斑魚頭，只能用束手無策來形容，到底該由魚面開始，還是先啜魚嘴？記得當晚我花了很大力氣完成「創舉」，嘴唇和口腔內有多處傷痕，最後結果亦不算完美，魚頭的骨和汁液都沒好好啜乾，骨頭上還留有不少魚肉。

要一位年輕人當眾吃魚頭，實在有點尷尬，特別是家父是位吃魚高手。小時候常聽親友說爸爸在鄉下出名的節儉，在饑荒的年代，爛了的番薯、近乎發臭的食物，他都可以放入口，生命力極強，亦因此令他養成不浪費的個性。凡是連着骨頭的肉，爸都不放棄，會啜得一乾二淨；吃魚更是他的強項，由魚骨魚尾魚背魚腩，愈是多骨的地方，愈是喜歡。基本上他會圍着一尾魚的外圍來吃，且把每根魚骨的汁液啜得乾淨。當年我親眼見過由爸爸啜完的魚骨，放在地上連街貓都嫌沒有味道而不嚐，嗅一兩下調頭就走。

當爸爸的兒子，即是我，既幸福亦不幸。幸福在從小到大，兒子都可吃到啖啖魚肉而不需要吐骨。不幸是，小孩從來沒機會接觸帶魚骨的魚肉，啜骨技巧接近殘廢。而愛吃魚的人都知道，一尾魚，帶骨的部位最是美味。

香港吃魚啜骨的文化深厚，大概由順德人吃河鮮與本地水上人吃海魚開始，由蒸魚技術研究出來，對火喉的控制、時間的掌握，到配汁的選擇，都是為了做好一道完美帶骨的魚鮮料理。一尾蒸魚，我們精心計算由廚房上桌到中間的途程，用盡滾油的熱力令魚肉達致剛剛熟。魚剛剛離骨是廚師們追求的境界，妙到毫巔，分秒不差。食客在此情境下，便能吃出幼滑口感，啜骨上細緻如豆腐的魚肉，並吸魚骨上濃郁的魚汁。

我們是吸啜魚骨的民族，令街市上隨處都可見鮮魚頭、魚鮫、連骨的魚腩，魚販由養魚、運輸、劏魚，再劏成各種部分，思維上都想着食客吃的是一尾連骨的魚，是整條生產線努力合作的成果。再看歐美的街市，魚鮮不少都是起出魚柳，就算原條賣，廚師煮出來後，主流都偏向單純吃魚肉，不太重視魚骨，這是文化上的差異。

只是今天，很多新一代都怕啜魚骨，連帶我們吸啜魚骨的能力都在減退。記得自己出來社會工作後開始苦練啜骨技巧，大概是脫離了父親的保護，需要成為一個真正的大人，一步步成長，且愈吃愈有味道，最後步上父親後塵，愛上了魚鮮所有帶骨的位置。現在去飲宴時，爸爸見我可輕鬆在眾人面前，把一個魚頭吃得乾乾淨淨，他大概老懷安慰，覺得這個兒子終於長大了，不再是他認知的那個小孩。

這套啜骨技術該當好好保存，它是最無形的文化遺產，只怪學校沒吃魚頭的課程可以報讀，更沒文青工作坊教人如何用嘴巴拆解魚頭，我們只可靠日復日恆常實踐去保留文化，讓每個人習慣吃帶骨的鮮魚，直至人人都可傳承到這套技術，輕鬆地吐出一條堅硬的魚骨為止。

婆婆媽媽的廚藝

多年來有個疑問，媽媽那一輩的女性，廚藝從哪兒學來？她們幾代人，由上傳承了農村社會的克儉克勤，至下教導了不知多少個子女做菜。由婆婆嫲嫲到女兒孫女，她們婚後開始打理家中事務，照顧家人一日三餐，現在想來，她們是如何做到的？

到今天仍然覺得家庭主婦不簡單，她們未接受過訓練，沒有考牌，以我媽媽為例，她十二歲出來社會工作，到工廠上班；十九歲結婚，婚後照顧一家人的起居飲食，煮足一日三餐，一星期七天，全年無休。一餐晚飯煮三菜一湯，一年要煮一千零九十五道菜式，三百六十五個湯，還未計早餐和午餐呢！我只記得媽媽有看電視上方太和李太的節目，但大部分食譜都是媽自己想出來，好些是婆婆教落，然後她一直轉化改良。一塊脢頭豬肉，她可以做出多款蒸豬肉菜式，蝦醬、梅菜、豆豉、仁稔、梅子……當時沒太多飲食雜誌和網上影片，她們的飲食知識到底從何而來？豬腱煲湯夠滑，煲完還可以吃；西施骨夠甜；肉眼煲出來的湯夠清……排骨、脢頭、豬腩、豬下青、豬手、豬腳，豬肉各部位的處理和使用方法縱使各不相同，她們卻可如數家珍般娓娓道來。

每逢過時過節，沒有高科技廚具協助，家中就只有兩個爐頭、一隻鐵鑊、兩個湯煲，她們一樣可做出十人分量的大餐。若你煮過一頓多人吃的中菜，便明白菜式配搭、製作流程次序都需要極佳的管理系統，才可令每道菜上桌時保持最佳溫度和狀態，但各位沒讀過MBA的家庭主婦，卻能安排得妥貼，輕鬆完成。

做好過節的一桌飯菜外，還有餘暇做年糕蘿蔔糕、炸油角煎堆、包糭、做茶粿，她們的時間到底如何分配？

一直覺得各位家庭主婦的本領是生活迫出來，當每天都要煮食，就需要變通，在沒選擇餘地下，只好動腦筋。第一次到街市買食材被騙，明天便要重整旗鼓再作嘗試，日復日的游擊戰，練成了她們對食材的觀察入微。當生活費只餘下數十塊錢，就要懂得將下欄變上菜，或創作出新菜式，簡單如一塊鯪魚肉和豆腐，已可弄成生菜鯪魚肉豆腐湯，或將兩者搓成「老少平安」，又或釀鯪魚肉到豆腐中，蒸熟後再灑上葱花豉油熟油。

我記得小時候媽媽因為不想浪費煲湯後的豬肉，會在午後躲在廚房慢慢手撕，將一絲絲的豬肉加粉絲、木耳煮成碗仔翅，令晚餐多添一款湯羹。以上種種都不是名貴食材，卻藉着人的心機，令生活變得不一樣，這包含了驚人毅力、精密心思和熟練技巧，「人是創造的動物」，而支持家庭主婦咬緊牙關落力嘗試，大概是出自對家人的關愛，只是她們沒宣之於口，而是選擇用每天的一頓飯，默默去表達。

在家中煮食，可算是一個地方飲食文化的開端，以家為出發點，再擴展開去。偏偏家庭主婦們，即使會彼此交流心得，食譜口耳相傳，卻沒系統地記錄和保留，散失在我們的回憶中。今日社會工作繁忙，多少家庭都以外食為主，在家煮食只成周末的娛樂節目，我們注定會失去一點東西，在繁華的城市裏，點點流光似近還遠。

「處決」年夜飯

不用通過審判，亦沒作合謀，我們已用行動表態，一致決定，要「處決」團年飯。團年飯本來罪不至死，更談不上犯錯，只是追不上時代，就一餐一餐消失於世界。

其實在「處決」前，好些人早忘了有團年飯的存在，就算記得，亦只抱着應酬心態，一臉厭惡，不情不願很勉強始能吃完歲末的一桌飯菜，當然食不知肉味，更遑論有甚麼圓滿感覺。團年飯其中一樣令人尷尬的地方，是它不純粹，如果簡單吃頓飯，專心完成，反而無妨，偏偏它有很多象徵意義，太多的符號。團年飯代表了一家人的團聚、年尾的總結、長幼之間的問候，還有桌上說不清的忌諱呢。

一頓飯被過度解讀，一家人被賦予太多假設。城市裏本就有千萬頁窗，家家戶戶都有難言的經。所謂傳統習俗，都預設家人和睦，忽略了親人之間的糾葛誤會，長年累月近距離磨擦受損，傷口縫過再傷，有些痛深不見底。家人從來要講點緣分，無仇不成父子，無恨不作夫妻，你在乎父母有沒有偏心，他重視子女有沒有體諒，誤會若成，嫌隙日深，無聲無息就會失聯。

況且「我很忙」已是最佳籍口，「沒時間」早成順口溜。我們都太趕太忙太少時間太多朋友太愛上網，沒位置留給血緣上最親近的人。世間有種最淡又最苦的關係，是彼此明明沒有傷害，談不上討厭，更未有吵架，卻自然地變得陌生。

一個電話未說到重點，已想快快收線；一次見面談不上兩句，眼神觸碰就急要迴避。怎麼曾經最親的人，會擅於製造尷尬；才不過一陣子沒見，大家即遠若千里，所謂感情關係，原來薄弱得要命。

於是問候變得多餘，叮囑令人煩厭，一個追一個躲，直至關係破裂，沉默了。與其傷害，不如不語。一桌團年飯本來為了團聚，卻往往未吃到完場，已製造出密集式的刀光劍影，無心的說話、一個簡單的表情，就算是安靜無語，一樣會無色無相，傷人於無形。過去吃團年飯的光景，不該是這樣？由婆婆、媽媽、大姐，幾位女中豪傑煮出一大桌好菜，一家人滿心期待回家的日子。你不會知道她們花了幾多天準備、買了多少食材，只知那些菜式不易做，平常少吃。

大概幾日前，她們已細水長流浸泡花膠和冬菇，把之前收妥的瑤柱、蠔豉、髮菜弄好，在街市挑一隻大肥雞、一大隻豬手、大大件豬腩肉，最好要多一尾鯉魚和幾隻大蝦。團年那天，金銀滿屋，遊子歸來，一桌子飯菜好像超越了口腹之慾，髮菜瑤柱蠔豉、炆花膠海參冬菇、白切雞、炆豬手腩肉、焗鯉魚、乾燒蝦、老火湯，那些菜餚多到永遠吃不完，後來聽人說團年飯的重點在於餘，而不是滿，有餘有剩才好，最好多吃幾天，沒完沒了。偏偏現代人的時間情感生活，通通擠得爆滿，早沒餘下位置盛載甚麼，一頓褪了色的豐富飯菜，更使人吃不消。

人類以外，其他動物都不吃團年飯，甚至不喜同枱吃飯，牠們更愛各自修行，有種捍衛自己食物的本能，飯桌上容不下他者。惟有人類創作出團年飯這個活動，亦只有人類會放棄團年飯這包含太多儀式的集體行為。如今我們像其他動物，各自各的，七零八落飄散到全球。通訊設備拉近了個人，相識不相識的都可同枱食飯，但同枱久了，又會莫名其妙生出距離，離離合合，人與人之間總是聚散不定，愛恨無憑。

譬如朝露，去日苦多，如果人生有八十年命，同年同月同日生，彼此相識相知，一同老去，一年吃一次團年飯，也不過見八十次。欠點緣分的，一生才吃三數十次，原來我們都沒幾多時間共聚，不要再說「死生契闊，與子成說；執子之手，與子偕老」，都是空頭支票，或是賭氣的話；生死，聚散，我們都作不了主；吃甚麼，和誰吃，早有了定案。

見面有時，吃團年飯有時，一年一次，不如不見？還是今年開始，重新相見？把時間留給值得的人，把吃團年飯的機會，送給想見的人。見或不見，不如今年好好再試？畢竟下輩子，我們未必能再遇。

屋邨士多的味覺回憶

自小在屋邨長大，成長記憶離不開附近的商店，幸好那時世界比較單純，街坊鄰里關係密切，物資貧乏，但我們知足。

在十二歲前好像沒去過很多地方，生活圈子都在離家不遠的距離，可當時覺得世界很大，地廣天闊每日都有新鮮事。吃喝的啟蒙除了每天煮飯的媽媽以外，原來就在家樓下的士多。

以往屋邨樓下都有士多，提供日常所需，並不如現在般，隨時隨地都可在大型超級市場購物，或者上網按幾個鍵即有人把日用品和食物送到面前。

屋邨士多門口位已是「美食天堂」，有三部榨汁機賣椰汁和果汁。冰凍椰汁是極品，用椰汁、椰子肉，加冰塊和花奶打成，又香又滑，層層碎冰混成一體，冰到入心凍到上腦的感覺，仍記憶猶新。熟食還有非常便宜的豬皮、魚蛋、蘿蔔、雞腳和雞翼尖，簡單用滷水煮到入味，小時候只需花一塊錢就可買到一紙杯的小吃，如今一塊錢實在不知可買甚麼，而這些味道也蕩然無存。

雞翼尖是極為廉價的食物，談不上美食，根本是下欄貨，骨多於肉，只是當年一口味道得來不易，得嚐幾隻雞翼尖已是人間滋味。由於不敢浪費，會慢慢逐小逐小的啜吃，每一絲肉都珍而重之，在立食間便身體力行體驗到何為「粒粒皆辛苦」，遙不可及的人生大道理，忽然就在嘴邊。

吃過小食最好來支汽水，雪櫃內有冰水泡着的支裝汽水，但媽媽永遠說汽水「無益」，喝完一定會咳。小朋友反而經常在士多喝鮮奶，就這樣站在門前喝完，支裝鮮奶有金蓋和銀蓋之分，各有所好，還有更好味的金蓋朱古力奶，一樣是喝完放下玻璃樽，店家即回贈你一塊錢「按樽」。

雪櫃旁邊還有很多米酒孖蒸、蛇酒、五加皮等中式酒品，全部都「兒童不宜」，總有幾位由白天已醉到不醒人事的老頭，會長期購買。他們一口黃牙，說話口齒不清，外表嚇人但對小朋友卻很是熱情，令我時常覺得愛喝醉的人，情感特別豐富。

如今這些老頭、雞翼尖、椰汁、「按樽」鮮奶好像都離我們遠去，連帶那種很簡單的生活模式，都消失得無影無蹤。士多是當年市民自力更生的憑藉，彼此都不富有也難想像自己會有出頭天，但起碼開着一間士多能養活一家人，個個有飯開有書讀齊齊整整，錢是一塊一塊賺回來，像工廠般一件件生產出來，不似今天在網上看着幾個數字跳動，錢滾錢就可以把人推上高峰。

如今的屋邨已不見家庭式士多，連帶甚麼「守望相助」都可以放入博物館，大型超市進駐商場，買賣方便了，貨品再齊備，環境更舒服，我們好像還是欠了點甚麼。

尋找完美的常餐

近幾年很少吃茶餐廳的常餐，一來好像用太多罐頭食物，二來店家又做得不好，即使城中有幾間茶餐廳做得不錯，但山長水遠朝聖般去吃常餐，說出來有點那個。常餐當然是個概括的說法，泛指沙嗲牛肉麵配餐肉炒蛋多士，再加一杯飲品之類的套餐。

我吃常餐有點要求。沙嗲牛肉麵的麵，最好是大光麵，要煮得夠挺身有嚼勁，不能太腍。沙嗲牛肉要香濃，不能加太多生粉水成芡，沙嗲要有質感。整個湯麵要用有深度的碟上，不可用碗，不然會沖淡沙嗲汁，爽的麵條蘸着沙嗲像撈麵一樣，才好吃。

炒蛋當然要香滑、嫩身；餐肉厚切；多士夠厚，烤得香脆，最好可轉奶油多。我習慣先吃沙嗲牛肉麵，以防麵條浸湯發脹，吃完麵再嚐炒蛋餐肉，最後以奶油多配奶茶如甜品一樣作結，所以能轉奶油多，兼能「後上」為之最妙，因多士早到，放涼了，便失了口感。奶茶當然不能令人失望，濃茶帶丁點澀味是我所好，撞茶夠香夠滑，有質感帶少少「掛杯」最佳。

大概是從小到大養成以上習慣，住家附近的茶餐廳，其老闆重人情，不趕急，以你的口腹為先，且靈活變通。今日想轉吃米粉，可以！沙嗲牛肉麵要多汁，可以！多士想多點半溶牛油，可以！轉鮮油多士加砂糖，可以！奶茶要大杯，可以！茶餐廳本來就是多變，隨時改動才有趣，有時加一兩塊錢不是問題，重點是你有沒有理會食客的感受。

今天很多茶餐廳都把常餐弄得馬虎，麵煮得太腍，或者一早煮好由它發脹；沙嗲不香，沒有味道，一糊糊像粉漿；炒蛋又死實；餐肉薄過紙；多士不脆；奶茶像奶水，沒茶味。最令人氣憤的是，我想奶茶「後上」，侍應沒禮貌的回敬一句：「我們沒後上！」然後觀乎整間茶餐廳，客人實在不多，待我吃完麵才送上奶茶，有幾難？花不到你一分鐘，連這一分鐘都不願意付出的食店，不知道有幾重視食客。

或者是我要求高，還希望在吃多士時，可伴隨一杯暖暖香濃的奶茶，於是凡不能「後上」茶飲的茶餐廳，一律不光顧，久而久之，真的連常餐、快餐、特餐都少吃了，可想而知我遇過幾多失望的經歷。

每次失望，我便懷念家附近的茶餐廳，它早已結業，老闆一家都退休享福。我們常常說香港回不去了，是真的，這幾年大家一直在說人情味，把這個字詞說到爛了、說到有點尷尬，成為一個很抽象又空洞的概念。我不相信那家茶餐廳的老闆知道甚麼叫人情味，他也沒有博愛到喜歡所有的客人，他只當食客是食客，尊重一個客人的需要，滿足那位每天光顧的人，讓他吃得開懷。老闆賺了食客的錢，同時要對得住自己所賺的錢，就這麼簡單，安分守己在今天的世界，原來已經不容易。

美好的生活始於早餐

從來都知生活不容易，日復日重複的工作最磨人，磨人在於一切沒變化，像一隻驢仔不停轉圈，一塊近在眼前的蘿蔔卻永不能送到嘴邊。「換一個角度看事情」、「環境不變心境轉」，這些論述跟「早睡早起身體好」一樣，全部是知易行難的事。

若要具體改善生活，最方便還是由早餐做起。年輕時拚了命工作，有段時間早餐吃得馬虎，直至有天發現：怎麼一天的開始已經這麼糟？於是下決心要吃得好。我當然知道每天起床上班的痛苦，但少睡三十分鐘實在不會減少疲勞的感覺，況且我會由晚上提早三十分鐘上床作起點，一步步調整作息時間。早上多出來的三十分鐘變得意義重大，先改變上班路線，轉坐另一號車，去遠一點的地方吃早餐，早餐的選擇更天天不同，白粥腸粉、飲茶點心、茶餐廳常餐……後來自由身工作加上自己開車，就更放肆了。

去銅鑼灣的話，上鵝頸橋街市九記牛什粉麵店，要一碟煎鯪魚餅、一碟炆雞腳、一碗灼菜心，配牛雜撈麵加冬天才有的西洋菜餃，再來一碗鯪魚骨湯。九記老闆九仔一直用新鮮牛雜，一大清早自己處理，牛雜質感有別於雪藏牛雜，有口感，彈性十足。鯪魚肉撻過，雞腳肯花時間熄火浸，西洋菜餃自己包，連奶茶都又香又滑（秘訣是用多奶撞濃茶），是車仔麵檔卻每樣食物都有心思，且一早開門，是鬧市吃早餐的好地方。

我也常去茶居。堅尼地城新興食家最妙，過去為遷就附近菜欄工作的工人，開凌晨三點。早上六點去喝普洱茶，熱氣騰騰的點心新鮮出爐——他們的點心會逐小逐小蒸出來，賣完再蒸；每款點心都自己做，不假外求。想吃得豐盛，還可點蒸魚套餐，新鮮蒸出來的馬頭魚，灑上豉油熟油，伴飯一流。

若只想吃白粥腸粉，以前最愛中環的威記，後來它結業了，便改到九龍城吃添財記，白粥腸粉油條，簡單又美好。

香港本來是吃生滾魚粥的天堂，早上吃碗魚腩粥，再加薑葱爆魚卜和油條，豐富程度不遜於午餐。可惜如今很多生滾粥店都下了太多味精，吃後口渴；我對味精敏感，更會長流鼻水。上環和佐敦幾家有名的生滾粥店都有類似情況，自此我怕了吃粥。過去灣仔李景記的粥品極佳，景叔後來轉去鯽魚涌開了粥麵館，我也常去吃魚粥，粥清魚鮮，是吃粥的首選，只是店子要十點半後才開門，不

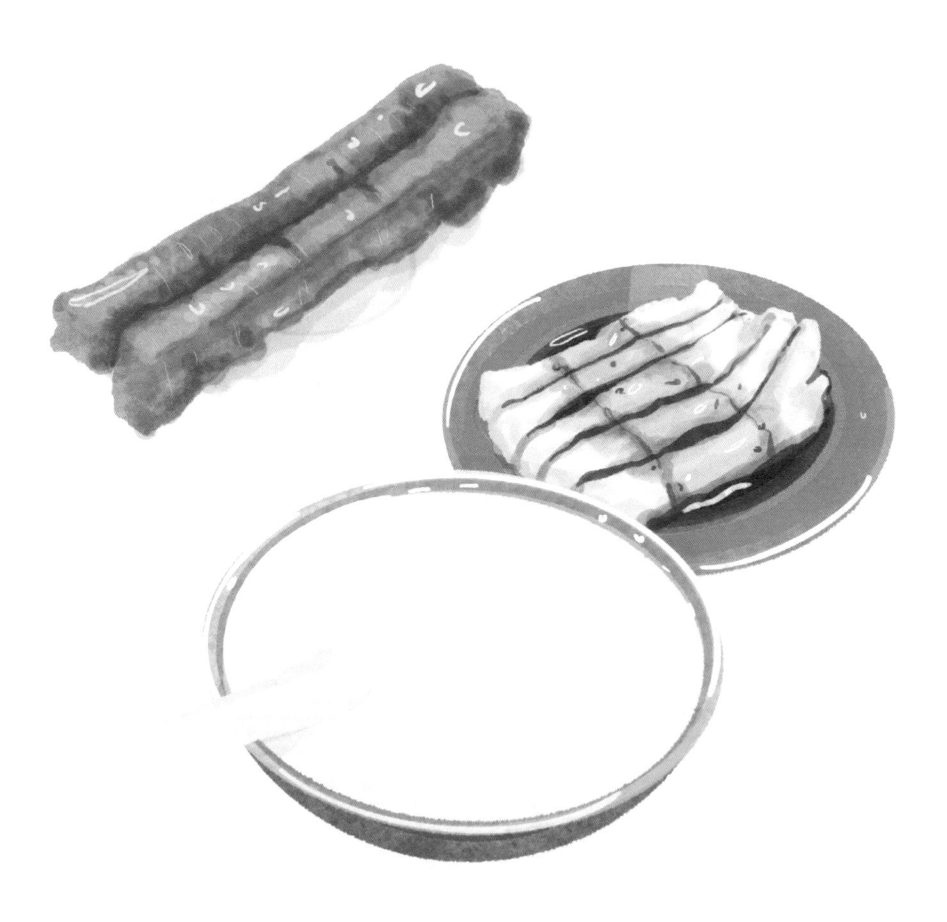

合我吃早餐的時間。

旺角還有一處吃魚粥的地方，在熟食街市中的妹記，三代人的老店，只要叫師傅少下味精，或點白灼魚卜魚腩配腸粉吃，是非常鮮味，吃完後，到附近的奇趣餅家買幾件豆沙燒餅，綿滑甜香，最後再喝杯香濃的奶茶作結，這樣才開始一天的工作，才對得住辛勞的工作。

以上路線和食店，其實都是個人所好，重點是如何突破慣性，改道而行，發掘不同的食物和地區，早餐只是一個開端，驚喜會在改變中突然出現！

銷聲匿跡的夜茶

年輕時做雜誌把健康都豁出去，為了某種信念會堅持到最後，想寫出心中的好文章會逼自己到最黑暗的地方，好像關進了密室就只有你和文字在搏鬥。

每期雜誌印刷前，超時工作是慣常，通宵也不罕見，會連續幾天僅僅睡兩三小時，那幾日當然食不知肉味，現在想來當時吃過甚麼，都忘得一乾二淨。

惟有記得在雜誌送印後，人放鬆起來，有時會去喝夜茶。那是夜茶還是早茶？說不準，看當時工作情況，幸運的話，還可半夜喝夜茶代表一切順利，放工去到茶居已近日出，亦司空見慣。香港各地都有開通宵的夜茶店，這關乎附近人口的工作性質，西環過去有屠房和菜欄，在內工作的人一般凌晨兩三點上班，極需要夜茶店提供吃喝所需。另一個地方是土瓜灣，啟德機場還在時，土瓜灣有很多航空貨運和工程人員出入，他們的工作日夜顛倒，同樣要一處可以歇腳的地方抖擻精神。

喝夜茶的文化大概由廣州傳來，大家有閒情逸致，晚上不急於睡，出外玩玩消磨時間，吃一兩件點心，或者喝碗糖水，甚至是一碗白粥配腸粉，不為吃飽，只是證明閉上眼睛前，還有美好的餘暇時光。對於我們這種城市人來說，開通宵的茶居是一個中轉站，當經歷過一輪猛烈工作情緒起伏不定後，身心都不適宜即時回家睡覺，想吃點東西，又不需要太飽，我們都需要一處落腳點作緩衝區，好迎接日出的來臨。

況且接近清晨的茶居是有趣的地方，水滾茶靚，點心陸續出爐，點些燒賣蝦餃刺激味蕾，身旁的是捱了一整個晚上的工人，他們吃瓷盅蒸出來的鳳爪排骨飯，喝自家帶來的孖蒸，熱呼呼的填補了一夜的疲勞。同時間有一覺醒來，還穿着睡衣的老伯，他們吃着熱辣辣的叉燒包，點即拉的布腸粉，邊吃邊讀同樣是新鮮出爐的報紙，月旦時事、報上報外都五味紛陳。再數十多年前開通宵的茶居更是「品流複雜」，惡形惡相的、艷麗虛浮的；當舞廳的、開小巴的、幹粗活的，如電影一樣齊集在一家小小的店子，喝不知是早是夜的濃茶。

這真是一個奇幻的時光，有些人還停在昨日，有些已開始了新的一天。

如今這種茶居已買少見少，舊區重建後換來所謂美好的生活，本來依附在舊樓中的茶居很難再覓地重生，開通宵班的人雖然仍有吃喝的需要，但已經不在主流人士的視野中。我曾經工作過的飲食雜誌已突然結業，連帶過去在半夜寫作的日子都離我而去，偶然會想起在晚上見過的人，他們或者會在城市裏繼續謹守崗位，或者不。鳥聲總在日出前響起，經歷過最深的夜，還是不知道今日有沒有比昨天來得美好。

蓮香不香，茶樓不留

自從蓮香樓結業的消息傳出後，一時間議論紛紛，有人惋惜香港又少了一家百年老店，亦有人說他們本來就經營不善，衛生差，食物質素今非昔比，理所當然被淘汰。

畢竟是家歷史悠久的茶樓，蓮香樓已成香港飲茶界的關鍵字之一，突然結業，自會翻起漣漪。事實蓮香樓不好愛，它嘈雜混亂，從地舖的餅櫃，沿樓梯上一樓，整層舖插針不入，生客嚇窒，熟客自在。一樓放滿三四十張陳舊雙層木枱，枱邊放有電爐和鴨嘴水煲（從前更有痰盅！）。在狹小通道上有點心姐姐推車叫賣，還企滿正在等位的茶客。

全場都是搭枱茶客，同枱飲茶，一人一盅，各自修行。吃的是大件頭的點心，豬潤燒賣、雞球大包、腐皮夾……還有鴨腿湯飯、金錢雞燒味等老派食物，都不講賣相，大碟粗糙，叉燒免切，原件奉上。

整間茶樓幾乎沒有與時並進，恍如活在時間之外。翻查歷史，蓮香樓於一八八九年在廣州開業，本名為「連香樓」，首創用蓮子蓉作糕點餡料。宣統二年，翰林學士陳如岳品嚐過連香月餅後，為該店寫下「蓮香樓」三字，便改名為「蓮香樓」。一九一零年，蓮香樓被當時有「茶樓王」之稱的譚新義收購，改作茶樓，以名茶美點及禮餅月餅作雙線發展，不久更擴展至香港，並先後於皇后大道中和旺角創辦了兩家蓮香樓，由廣州舊職員負責管理，稱為「省港九蓮香」。

直至一九四九年解放後，廣州蓮香改成國營機構，才與香港蓮香分家。香港蓮香經歷數度搬遷，先由皇后大道中搬至威靈頓街一百一十七號一幢三層高的戰前舊樓，一九九六年遷至對面一百六十號繼續營業，茶樓亦由三層縮至一層並恢復了晚市生意。

由於招牌夠老，不少人覺得，蓮香的模樣，正是過去港式茶樓的寫照。香港早於戰前已有茶樓，二十年代開至成行成市，港島區的高陞、雲香、添男、多男，都是代表。到四十年代，港島和九龍兩地開花，九龍區有龍鳳、雲來、冠男、得如……港島新增了龍鳳、得男、成發等。茶樓開在唐樓中，三四層高，每層不同價錢，以前蓮香在皇后大道中時，便是地下賣餅，二樓較高檔，五仙一盅茶，三樓和四樓就四仙一盅茶，分成不同階級。

過去茶樓多是庶民玩樂和傾生意的地方，一般只開早市和午市，夜晚關門，茶客拿着一籠了哥來捉棋吃喝，那口茶水至為緊要。以往茶樓特別重視茶品，要請茶博士侍客，茶博士會為客人添熱水，更熟悉各種茶葉特性，了解沖泡方式和時間。茶樓老闆更設茶倉，存放茶葉，雲南普洱、四川壽眉、白牡丹，買入揀手茶葉後，要經人手「溝雜」，把不同採摘季節、產地的茶葉，配搭成香味茶色俱全。老師傅都說，就像煮飯一樣，把不同的米混雜才能煮得一鍋香飯。

茶博士除了懂得泡茶，更是典型「香港仔」，靈活變通，懂得與茶客混熟，新聞時事、娛樂八卦、字花賽馬，都要對答如流。因為與茶客關係好，貼士收得多，有時打賞所收的，跟人工一樣。反而負責賣點心的小姐最務實，從前茶樓賣點心，會叫夥計用帆布帶綁方形盤在身上，再放點心叫賣。後來點心花樣愈來愈多，需求大，便索性製作點心車，由女侍推着賣。今天，點心車已經不多見，以帆布綁方形盤賣點心，更只能在舊相片和電影中尋找。

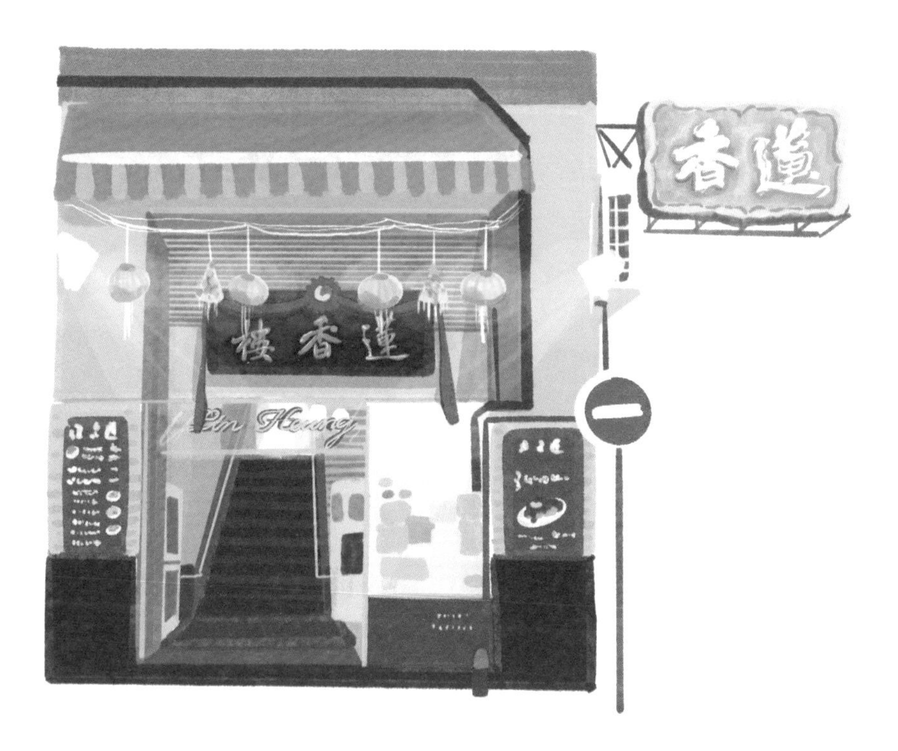
蓮香
蓮香樓

但茶樓面對最大的打擊，必定是五十年代唐樓清拆，這間接加速了茶樓的式微。加上大型酒家增設早市，早午晚全日開門，香港人又進入搏殺期，晚間工時長，純做早午市的茶樓，難以生存。

香港蓮香經歷數度搬遷，離開皇后大道中和威靈頓街後，失去唐樓那種三層高的建築風格，舊派茶樓的味道已漸見失卻。今天世人生活習慣不同，傾生意毋須上茶樓，娛樂節目豐富，聚腳點多，口味更是多元化，不用每天早上效忠於一種味道，喝茶的閒情也可飄散於城市每一角落，不必關在一家茶樓中。在過去二十年，只見蓮香苦苦支撐，追不上時代，保不住從前，一下子變得垂垂老矣。蓮香不香，茶樓不留。茶樓文化還能留在香港嗎？風雨中，有誰聽得到答案。

這些年我們失去的餐廳

每到年尾大家都會列舉過去一年失去的食店，在香港，道別已成常態，很多東西根本無力去留住。餐廳結業像潮起潮落，試想在今天的環境，有哪些店舖能捱得過十年？只是明白歸明白，人非草木，當面對失去時，內心總是戚戚然；有話想說，卻不知從何說起。

畢竟吃喝會連結記憶，很多飲食經驗又會扣着人生大事，我個人在近十年最不捨的兩家餐廳，都跟回憶相關。

二零一九年十二月三十一日，要學習跟太子鳳城酒家告別。鳳城酒家由順德名廚馮滿於一九五四年創立，本來在銅鑼灣伊榮街（已結業），後來開出兩家分店，一家在北角，一間在太子，由徒弟譚國俠和譚國景主理。過去馮滿招待過不少名人如鄧肇堅、何善衡、芳艷芬、蔡瀾、唯靈……他的徒弟譚國景主持的太子鳳城，一向以順德手工菜馳名，玉簪田雞腿、百花釀蟹箝、金錢蟹盒、炒鴿鬆、桂魚卷、魚雲羹，很多失傳的酒家菜式，仍可在此嚐到，加上禮堂有一對龍鳳，更是喜氣洋洋，於是過去在雜誌社工作，遇上有同事升職生日，或是家人親友擺壽宴，都是首選鳳城。

久而久之，我看着那對龍鳳，就覺得熱鬧喜慶；吃到百花釀蟹箝，總相信好事就在身邊。如果餐廳真有氣場這回事，鳳城屬於一場喜宴。

另一家過去常去的餐廳，同樣賣順德菜，那是開在油麻地砵蘭街十四號的煊記小菜館。它本是大牌檔，後來入舖，過去是聚腳宵夜的地方，不少江湖中人雲集，來吃飯會有幾分刺激。

我因為寫過店家的故事，跟第二代老闆相熟，是朋友了。每逢工作累透，腦袋一片空白而不知吃甚麼時，便會自然從將軍澳工業邨開車來煊記。

吃的是順德小菜，炒魚腸、焗骨腩、爆魚卜，全部取自鯇魚。用傳熱快的銅煲，把魚腸炒香後，再加胡椒粉、薑汁酒和辣椒爆炒，甘香不油膩。焗骨腩外脆內滑，香氣十足，佐酒一流。爆魚卜同樣用銅煲，汁香軟滑，爆得香口的薑葱更是美味。還可先吃小菜再嚐火鍋，一碟牛肉，加鯪魚球、大魚雲、鮮雞腸，一切以鮮味取勝。

每年春天，我都會到煊記吃鯿魚，「春鯿秋鯉夏三鯬」，春天的鯿魚最是肥美，通常兩食，取中間魚肉切片滾粥，啖啖鮮香；餘下的部分原條用欖角豆豉蒸，魚的邊位油香十足，魚肚位更有一條豐郁的肥油，甘香鮮濃，是季節限定的好味道。

當然，我愛煊記還有個人情感，在人生一段最難過的日子，我就在這兒渡過不知多少個晚上，到後來再遇上不順心時，吃着爽彈的白灼鯪魚球，有時會想，當年再難熬的時刻都能過去，今天出現的，又算是甚麼呢？

再數下去，原來我忘不了，又結業了的食店還有很多，香港仔的山窿謝記、海港食家、尖沙咀的鹿鳴春、上環的海安咖啡室……或多或少都跟自己有些緣分。香港是一座留不下記憶的城市，明天要比昨天好，只是我們把今日發生的，都忘得一乾二淨。

最好的一頓不過如此

我的書店開在灣仔，開門營業前，總要吃頓午飯。因為怕街上的食物放太濃重調味，也怕油膩，外出食飯我會精挑細選。銅鑼灣鵝頸街市的根記素食，便是我的飯堂。

鵝頸熟食中心紛亂混雜，人聲鼎沸，熱賣燒鴨咖喱、茶啡蛋治，獨根記賣素，且賣得清雅。檔口平實得近乎沒裝修，只掛一幅字畫裝飾，枱面素白乾淨，碗碟排列整齊，一副女兒家的心思。他們的素食簡單，用新鮮菜蔬，不落加工材料，不下味精，連調味也少放，如家常便飯。清淡卻不乏味。他們煮的豆卜紹菜夠入味，南瓜配上醃菜煮得軟滑，炒菜心下足薑汁口感脍甜，老火湯足料夠火喉，啖啖濃郁。店家慷慨，白飯任添，茶水自便，在鬧市中突然會調慢了身心。

後來做訪問認識了店主一家，老闆娘范太今年已九十多歲，仍堅持天天到店，打理大小事。她是傳統女性，從小到大習慣為家人籌謀。范太家貧，十三歲從鄉下來港當妹仔，負責照顧事頭兒女的起居飲食，其實當時她還是一個需要人照顧的小孩，只是窮家女被迫早熟。後來經介紹人認識丈夫范根，婚後七女一子陸續叩門，責任大，兩夫婦便挑兩個擔挑，在天樂里一帶擺賣魚蛋粉。生意好，由兩個擔挑變成大牌檔，本來生活慢慢改善，但范太仍覺得虧欠了兒女。碰上當時香港經濟漸佳，人家子女穿得靚靚來吃麵，手執玩具洋娃娃，自己的子女卻要天天在檔口幫手，睡在大牌檔的紙皮上。

後來丈夫得了重病過身，根記也由大牌檔遷入鵝頸街市，范太想為家人積福，開始吃素，店子亦由賣魚蛋粉轉為素食。起初由范太和大女兒負責煮齋，像媽媽煮飯菜一樣，重清淡簡單，不拉油，不打濃芡汁。她們每天到街市買新鮮瓜菜，不下過量調味，寧把醃菜切得細碎，作配料添香。她們有女兒家的心思，怕長吃素的朋友欠蛋白質，煲湯時多下豆類；驚多吃菜的客人脾胃寒涼，炒菜時會下重薑汁。就是這一點重視客人的細心，根記的熟客頗多，在鵝頸街市一片混雜中，難得有一處淨土。更重要是，范太的子女見媽媽辛苦，都陸續回來幫手，在店子工作。當日范太擔心檔口是負累，影響子女的自尊心，如今一切都過去了，這個招牌反而是連繫一家人的憑藉。

也許是知道店子的故事，每次去根記都吃得滿足，她們沒用珍貴食材，也沒驚天動地的烹調技巧，只是踏踏實實地做清雅素食，吃完後會覺得平凡的食物都有魔力。人類不是一部機器，飲食亦不單純是果腹，我們在進食中會掀動情感和記憶，好的壞的感覺會一一記下。食物製作人的心思，沒有浪費，我們都吃了下去，成為了身體的某一部分。

適合聊天的地方

前陣子跟朋友S見面聊天，相約在灣仔Levain Bakery，我開宗明義說出選店原因——除了麵包好吃之外，它環境像東歐那些質樸的咖啡店，沒有打卡位，還原成最簡單的吃喝場所。

Levain Bakery的創辦人是麵包迷，拚了命研究麵包，做出來的每款麵包都樸實好食，我多數吃一片酸種麵包，配炒蛋和焗洋葱湯，結尾一杯帶乾果味的咖啡和杏仁牛角包；貪心時，還會買走一條維也納包和朱古力曲奇回家享用。我和朋友S同樣喜歡店子的氛圍，彼此聊了些飲食和城市的事，分享了近年的觀察，離開時朋友拋下一個問題：不如想想城市還有甚麼地方適合聊天？

果然是問題愈簡單，答案愈複雜。

適合聊天的地方好像跟一個城市的發展、市民的富裕程度，彷彿沒直接關係。越南河內有很多地攤賣生啤，拿着酒杯幾個朋友可在河邊聊一個晚上；日本東京有各式居酒屋和酒場，充當工作和回家之間的小逗號；在西班牙巴塞隆拿，每個晚上都有天台音樂會供人聽歌放鬆，在月夜下分享私事；在美國紐約有一個位於城市中心的中央公園，給人留白的空間。

香港應該要有更多地方讓人聊天的，在吃喝以外，人與人之間需要最直接最簡單的交流，有時是語言，有時更毋須語言。

這個難題不時在腦海中浮現，奇怪地連結了好多年前去克羅地亞的經驗。那是深秋遊克羅地亞的季節，首都 Zagreb 晚上的街道，有典型東歐的冷清，反而市中心廣場旁的 Vincek Slastičarnica 甜品店擠滿了人，那裏的環境裝修談不上甚麼美感，甚至有點過氣，像很多年前的屋邨餐室或尖東商場店舖，可當地人卻專注於面前的對象和食物，一邊有說不完的話題，一邊吃面前一件經典的克羅地亞甜品 Kremšnite——這款甜品不花巧，結構簡單，底面兩層酥皮，中間是忌廉和蛋糕的組合。忌廉和蛋糕雖然做得並不細滑，但入口輕盈，配上酥皮已有不同口感。

第四章　吃的隨筆

看着一對三十來歲的情侶，兩個人分享一件甜品，一邊吃 Kremšnite，一邊玩手指，用無名指與食指作走路狀，兩個人兩對手慢動作你追我逐，兩根手指觸碰後互送一個尷尬眼神，這種娛樂方式既廉價亦奢侈，廉價在毋須任何金錢，奢侈在所花的都是情懷和時間，而我們好像早早花光了，一切消耗得太快，根本回不去那個單純的世界。

不知何解，這個畫面一直在心中，久久不散，大概想到這會是一個適合聊天的地方，有閒暇，有時間，有最簡單的感情，有對的人，還有時光倒流到不知何時何月的日子。城市還有甚麼地方適合聊天？我們或者需要一步步，慢慢發掘出來。

好好吃飯

作　　者　呂嘉俊
責任編輯　何欣容
書籍設計　Kaman Cheng
插畫　Kaman Cheng

蜂鳥出版
HUMMING PUBLISHING

在世界中哼唱，留下文字迴響。

出　　版　蜂鳥出版有限公司
電　　郵　hello@hummingpublishing.com
網　　址　www.hummingpublishing.com
臉　　書　www.facebook.com/humming.publishing/

發　　行　泛華發行代理有限公司
印　　刷　同興印刷有限公司

初版一刷　2023 年 7 月
二版一刷　2024 年 5 月
定　　價　港幣 $128　新台幣 $640
國際書號　978-988-76388-6-5